KB102152

히미 오와 함께하는
탄소화합물 가상탐구

히미 오와 함께하는 탄소화합물 가상탐구

오진호 지음

좋은땅

히미 오와 함께 **탄소화합물 가상탐구 활동**을 시작해 보자. 먼저, 히미 오를 소개하면. **히미 오**는 탄소화합물을 좋아하는 **학생**이야.

히미 오! **탄소화합물**은 **탄소 원자**를 기본 골격으로 하고 있는 화합물이야! 우리 주변에는 탄소 원자를 포함하는 물질들이 많이 있어. 예로 3대 영양소인 탄수화물, 지방, 단백질뿐 아니라, 비타민과 의식주와 관련된 많은 물질들이 탄소화합물로 이루어져 있어.

히미 오! 우리 주변에서 탄소화합물을 찾아 그 구성 원소를 확인해 볼까? 탄소화합물은 현재까지 알려진 118개의 원소 중에서 탄소를 포함해서 단지 몇 종류의 원소로 구성되어 있는 것을 알 수 있을거야. 탄소화합물은 **탄소, 수소, 산소, 질소, 그리고 할로겐(플루오린, 염소, 브로민, 아이오딘) 원소**로 구성되어 있어!

히미 오! **탄소화합물을 어떻게 공부해야 할까?** 먼저 분자모형으로 탄소화합물 구조를 나타내면 좋을 것 같아! 눈으로 볼 수 없는 구조를 분자모형으로 나타내 보면 탄소화합물의 구조에 숨어 있는 **규칙성**을 찾을 수 있을거야!

그리고 탄소화합물의 **성질**은 그 구조와 밀접한 관련성이 있어! 탄소화합물의 구조가 조금만 바뀌어도 탄소화합물의 성질이 크게 변하기도 해. 예로, 살리실산(salicylic acid)과 유사한 구조를 갖는 아스피린(아세틸 살리실산, acetylsalicylic acid)은 살리실산과 비슷한 약효가 있지만, 위장 장애를 일으키는 살리실산의 부작용이 없어서 오늘날까지 살리실산 대신에 해열 진통제로 사용되고 있어. 신기하지! 구조가 조금 바뀌었을 뿐인데! 히미 오! 탄소화합물의 구조를 알면 탄소화합물의 성질이나 반응성을 예측하는 데 도움이 될거야.

히미 오! 알려진 탄소화합물을 반응물로 사용해 **화학반응**을 통해 새로운 탄소화합물을 만들 수 있어! **유용한 성질을 가진 새로운 탄소화합물을 합성하려면 어떻게 해야 할까?**

히미 오! 요리를 할 줄 아니? 음! 그래도 라면은 끓일 수 있지? 탄소화합물의 합성을 라면 끓이는 것과 비교해 보자.

라면을 끓이는 방법은 라면 봉지에 그림과 함께 친절하게 설명되어 있어. 라면은 보통 다음과 같이 끓이지. 1) 물을 끓인다. 2) 물이 끓으면 라면과 수프를 넣는다. 3) 일정한 시간 이후 불을 끈다. 그리고 나면 맛있게 먹겠지! 먹은 후에는 그릇을 꼭 씻어야 해!

일반적인 탄소화합물의 합성이 라면 끓이는 것과 어떤 점이 비슷할까?

첫 번째, 반응 용기(일반적으로 유리용기)에 용매를 넣고, 열에너지를 사용해! **두 번째**, 라면과 수프를 끓는 물에 넣는 것처럼 반응 물질을 용매에 녹여 반응 혼합물을 만들어. **세 번째**, 경험으로 알게 된 온도조건에서 일정한 시간 동안 라면을 끓이듯이 반응을 보내.

히미 오! 라면을 끓이는 것과 탄소화합물 합성이 정말 비슷하다고 생각하지 않니? 라면을 끓일 수 있으면 탄소화합물도 합성할 수 있을까? 그런데 아쉽게도 탄소화합물의 합성은 라면 끓이는 것과 같이 쉽지는 않아! **탄소화합물의 합성**은 라면을 끓이는 것보다 더 많은 **주의**와 **기술**이 필요해! 그래서 **새로운 탄소화합물을 합성하려면 알려진 탄소화합물을 사용해서 합성 경험과 기술을 배워야 해!**

히미 오! 탄소화합물 합성 실험을 할 때 적절한 유리기구와 화학약품이 필요하고, 이를 다루는 방법을 알고 있어야 해! 그리고 환기가 잘되는 후드와 폐시약을 처리하는 시설도 필요해! 그래서 고등학교 과학 실험실이나 대학교 학부 실험실에서 탄소화합물 합성 실험을 하기가 쉽지는 않아! 그러면 어떻게 해야 할까?

음. 탄소화합물 합성 실험을 가상탐구 활동으로 해 보면 어떨까?

히미 오! 먼저 탄소화합물 합성을 사고실험으로 해 보자! 탄소화합물 가상탐구 활동을 분자모형으로 나타낸 탄소화합물의 구조를 알아보는 "**Structure 활동**"과 탄소화합물 합성을 **모식도**를 보고 하는 "**사고실험 활동**"으로 나누어서 해 보자. 탄소화합물 합성은 **의약품**, **염료**, **향수**로 사용하는 대표적인 탄소화합물의 합성과 산화 반응, 환원 반응, 가수분해 반응, 그리고 대표적인 탄소-탄소 결합 반응인 딜즈-알더 반응을 중심으로 활동해 보자.

히미 오! 탄소화합물 합성 가상탐구는 **1) 반응물과 생성물의 구조 확인하기, 2) 반응 혼합물 만들기, 3) 반응완료 시점 예측하기, 4) 반응 혼합물에서 생성물 분리하기, 5) 실험기구 확인하기, 6) 1.0g 생성물 합성 실험 설계하기, 7) 개념 확인하기 7단계**로 해 보자.

히미 오! 탄소화합물의 합성실험에서 반응물이 섞일 때, 열이 흡수되거나 방출되기도 해! 만약 반응물을 섞을 때, 많은 열이 발생하면, 얼음물 조건 (ice bath 조건)에서 섞어 주어야 해! 히미 오! **2) 반응 혼합물 만들기** 활동에서는 반응물을 어떤 순서로 섞을지 예측해 보자! 이 활동은 화학반응이 진행되면서 일어나는 변화를 관찰하는 데 도움을 줄거야!

히미 오! 탄소화합물을 합성할 때 실험과정에 제시된 반응온도와 시간을 생각없이 따라하면, 반응이 완료되었는지를 확인하지 않고 반응을 멈추게 돼! 반응 조건은 여러 번 실험을 통해 최적화된 것이지만, 사용하는 반응물의 양과 가열방법에 따라 달라질 수도 있어. 그래서 **3) 반응완료 시점 확인하기** 활동에서는 반응이 완료되었는지를 예측하는 활동을 해 보자. 반드시 필요한 활동이겠지. 타이밍을 놓치면 생성물을 얻는 데 꽤 고생을 할 수도 있고, 생성물을 얻지 못할 수도 있어.

히미 오! 탄소화합물의 합성은 순수한 **생성물**을 얻는 것이 목적이야. 순수하게 생성물을 반응 혼합물에서 분리하는 **워크업(work-up)** 활동을 해야 해! 탄소화합물 합성 활동에서 가장 중요하고, 개인적인 역량

이 가장 잘 발휘되는 활동이야. 일반적인 분리 방법으로 용해도 차이를 이용한 **재결정**이나 **추출**과 끓는점 차이를 이용한 **증류** 그리고 가장 많이 사용하는 **크로마토그래피**가 있어! 중학교 과학 수업에서 배웠던 재결정, 추출, 증류 방법에 추가해서 크로마토그래피 방법을 사용하게 돼! **4) 반응 혼합물에서 생성물 분리하기** 활동에서는 이미 화학자들이 시행착오를 통해 얻은 분리 방법이 제시되어 있어. 어떤 방법들이 사용이 되었고, 물질의 성질과 연계시켜서 왜 그 방법을 사용했는지를 예측해 보자. 이 과정에서 우리가 필요한 합성 기술을 배우게 돼! 물론 합성 기술은 직접 해 봐야 되겠지만, 실습에 앞서 그 합성 방법을 왜 사용하는지 생각하는 기회가 되리라고 생각해!

히미 오! **5) 실험기구 확인하기** 활동에서는 실험활동에서 어떤 기구를 사용하는지 알게 될거야! 모식도에 나와 있는 실험기구 중에 증류 장치만 제외하면 거의 비슷하게 제시되어 있어! 실험활동에 필요한 실험기구를 찾는 데 도움이 되겠지.

히미 오! 탄소화합물을 합성할 때 사용하는 반응물의 양을 최소화하면 반응 시간과 반응 과정에서 발생하는 위험성을 줄일 수 있어. 그리고 반응 후에 나오는 폐시약도 최소화하여 환경에 도움이 돼. 히미 오! **6) 1.0g 생성물 합성 실험 설계하기** 활동에서 1.0g 생성물을 합성하는 실험을 설계해 보자. 그러면 조금 더 안전하게 실험을 할 수 있을거야!

히미 오! 탄소화합물 가상탐구 활동으로 화학반응으로 탄소화합물을 합성하는 방법을 배울 수 있을거야! 히미 오! **7) 개념 확인하기** 활동에서 활동 전과 후에 생각이 어떻게 달라졌는지 확인해 봐. 히미 오! 탄소화합물 가상탐구 활동을 통해 탄소화합물에 대한 생각이 변화하는 것을 느낄 수 있기를 바래! 화학의 매력에 빠져들어 봐!

라면이 개발되기까지 많은 시행착오가 있었다고 해! 탄소화합물 합성도 화학자의 시간과 노력의 결과이지! 화학자는 다음 미국, 영국, 그리고 독일이 대표적인 출판사 저널에 많은 탄소화합물의 합성 논문을 발표하고 있어.

히미 오! 새로운 물질에 관심이 있다면 1) https://pubs.acs.org/ 2) https://www.rsc.org/ 3) https://onlinelibrary.wiley.com/ 사이트를 찾아보길 바래. 구글과 Youtube에서도 유용한 자료를 찾을 수 있을거야!

히미 오! 연금술사는 그들이 갈망했던 금을 얻는 방법을 결국 우리에게 알려주지 않았지만, 더 소중한 경험을 우리에게 전해 주었다고 생각해. 금이 가진 특성을 보이는 값싼 물질을 조합하여 금의 특성을 구현하면 금을 만들 수 있다는 연금술사들의 신념이 아닐까? 화학자는 값싼 여러가지 특성(작용기)을 가진 탄소화합물을 이용하여 금보다 더 가치있는 새로운 탄소화합물을 만들려고 하고 있어! 연금술사들처럼. 히미 오! 멋진 화학자로 한 걸음 나아가길 응원할게.

당감동 백양산의 어느 끝자락에서 화학자를 꿈꾸는 히미 오를 응원하며

목차

탄소화합물의 구조

히미 오! **물질**은 유기물(organic matter)과 무기물(inorganic matter)로 구분을 할 수 있어. 18세기까지 유기물은 생명체가 만들어 내는 물질이고, 그렇지 않은 물질은 무기물이라고 했대! 그런데 독일 화학자인 **프리드리히 뵐러**가 1828년 시안산 암모늄(ammonium cyanate)에서 **요소(urea)**를 합성하여 처음으로 유기체가 합성이 가능하다는 것을 보였어! 유기물 합성이 가능하다는 것을 알게 된 이후, 유기물을 **탄소 원자**를 포함하는 화합물로 정의하여 사용해 오고 있어. 그러나 **일산화탄소**(CO), **이산화탄소**(CO_2), **탄산 이온**(CO_3^{2-}), 사이안화 **이온**(CN)은 **탄소 원자**를 포함하고 있지만, **무기화합물**이야! **탄소화합물**을 탄소, 수소, 산소, 질소, 그리고 할로겐(플루오린, 염소, 브로민, 아이오딘), 황, 인 원자로 주로 구성되어 있어. 히미 오! 분자모형으로 나타낸 탄소화합물의 구조를 분석하여 공통점과 차이점을 찾아보고, 모식도로 나타낸 가상탐구 활동을 통해 탄소화합물 합성법을 배워 보자.

히미 오! **물질**은 **원소**로 구성이 되어 있어. 우리나라에서 가장 큰 화학학회인 **대한화학회** 홈페이지(http://new.kcsnet.or.kr/periodictable)에 **원소**들에 대한 재미있는 화학 이야기가 나와 있으니 찾아보렴! **원소**는 다음 **주기율표**에서와 같이 **118**개의 원소(1번 **수소**에서 118번 오가네손)가 알려져 있어.

H																	He
Li	Be											B	C	N	O	F	Ne
Na	Mg											Al	Si	P	S	Cl	Ar
K	Ca	Sc	Ti	V	Cr	Mn	Fe	Co	Ni	Cu	Zn	Ga	Ge	As	Se	Br	Kr
Rb	Sr	Y	Zr	Nb	Mo	Tc	Ru	Rh	Pd	Ag	Cd	In	Sn	Sb	Te	I	Xe
Cs	Ba	La*	Hf	Ta	W	Re	Os	Ir	Pt	Au	Hg	Tl	Pb	Bi	Po	At	Rn
Fr	Ra	Ac*	Rf	Db	Sg	Bh	Hs	Mt	Ds	Rg	Cn	Nh	Fl	Mc	Lv	Ts	Og

La*	Ce	Pr	Nd	Pm	Sm	Eu	Gd	Tb	Dy	Ho	Er	Tm	Yb	Lu
Ac*	Th	Pa	U	Np	Pu	Am	Cm	Bk	Cf	Es	Fm	Md	No	Lr

그림 1. 주기율 표

알케인 화합물의 구조

Structure1 **생각열기.** 히미 오! 우리가 살아가는 지구에서는 생명체를 포함해서 많은 탄소 화합물(carbon compound)이 안정하게 존재하는데 그 이유가 뭐라고 생각하니? 그리고 과연 지구와 같은 행성이 존재할까? 너의 생각을 말해 보렴.

Structure1 **활동목표.** 히미 오! 알케인(alkane) 화합물의 구조를 알아보자.

Structure1 **상황.** 히미 오! 다음 분자모형은 탄소화합물 중에서 **알케인(alkane) 화합물의 구조**를 보여 주고 있어. 구조를 보고, **원자수와 결합수를 나타내어라.**

	구조	구성 원자 및 수	결합수 (단일결합, 이중결합, 삼중결합)
메테인 Methane		**탄소**: 1 **수소**: 4	탄소-수소결합: 4, 단일결합: 4
프로페인 propane		**탄소**: ___ **수소**: ___	탄소-수소결합: ___, 단일결합: ___ 탄소-탄소결합: ___, 단일결합: ___
뷰테인 butane		**탄소**: ___ **수소**: ___	탄소-수소결합: ___, 단일결합: ___ 탄소-탄소결합: ___, 단일결합: ___

Structure1.1 활동. 히미 오! 메테인(methane), 프로페인(propane), 그리고 뷰테인(butane)의 **구조**에서 **공통점을 적어라.**

Structure1.2 활동. 히미 오! 분자 구조로부터 **메테인, 프로페인,** 그리고 **뷰테인의 성질**에서 **공통점**을 예측해라.

Structure1.3 활동. 히미 오! **메테인, 프로페인,** 그리고 **뷰테인의 구조**에서 얻은 정보를 바탕으로 다음 **알케인**(alkane) **화합물 구조**에서 **수소 원자수를 적어라.**

(1) 탄소 원자 6개가 단일결합으로 연결된 알케인 화합물:

- 비고리 탄화수소 화합물; 수소 원자수: _____

- 고리 탄화수소 화합물; 수소 원자수: _____

(2) 탄소 원자 8개가 단일결합으로 연결된 알케인 화합물:

- 비고리 탄화수소 화합물; 수소 원자수: _____

- 고리 탄화수소 화합물; 수소 원자수: _____

Structure1 개념정리. 히미 오! 이번 활동을 통해 **알게 된 것을 적어라.**

알케인 화합물의 구조이성질체 구조

Structure2 활동목표. 히미 오! 알케인(alkane) 분자의 이성질체(isomer)를 알아보자.

Structure2 상황. 히미 오! 다음 분자모형은 **5개 탄소**와 **12개 수소** 원자가 **단일결합**으로 연결된 **알케인(alkane)** 화합물을 보여 주고 있어. 구조를 보고, **구성 원자수와 결합수를 나타내어라.**

	구조	구성 원자 및 수	결합수 (단일결합, 이중결합, 삼중결합)
노말-펜테인 n-pentane		**탄소**: 5 **수소**: 12	탄소-수소결합: 12, 단일결합: 12 탄소-탄소결합: 4, 단일결합: 4
아이소펜테인 isopentane		**탄소**: ___ **수소**: ___	탄소-수소결합: ___, 단일결합: ___ 탄소-탄소결합: ___, 단일결합: ___
네오펜테인 neopentane		**탄소**: ___ **수소**: ___	탄소-수소결합: ___, 단일결합: ___ 탄소-탄소결합: ___, 단일결합: ___

Structure2.1 활동. 히미 오! **노말-펜테인(n-pentane), 아이소펜테인(isopentane)**과 **네오펜테인(neopentane)** 화합물 구조에서 **공통점을 적어라.**

활동. 히미 오! **노말-펜테인, 아이소펜테인과 네오펜테인 화합물**의 구조에서 **차이점을 적어라.**

Structure2.3 **활동.** 히미 오! **탄소 원자 6개 알케인 화합물인 헥세인**(hexane, C_6H_{14})은 몇 개의 **구조 이성질체**를 가질까? 헥세인의 **구조 이성질체**(constitutional isomer)의 구조를 그려라.

(1) 탄소 원자 6개 골격(back bone)의 알케인 화합물의 구조 (1개):

(2) 탄소 원자 5개 골격(back bone)의 알케인 화합물의 구조 (2개):

(3) 탄소 원자 4개 골격(back bone)의 알케인 화합물의 구조 (2개):

활동. 히미 오! 같은 연결성을 갖는 탄소화합물은 같은 화합물일까? 다음 분자모형은 **탄소 원자가 7개인 헵테인(heptane) 화합물**를 나타내고 있어. 두 분자모형은 같은 연결성을 갖고 있어 구조 이성질체는 아니야. 그런데 다른 화합물이야! 그 이유를 적어라.

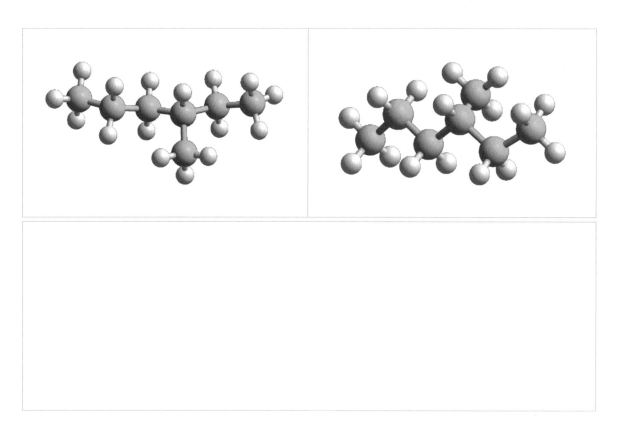

개념정리. 히미 오! 이번 활동을 통해 **알게 된 것을 적어라.**

알케인, 알켄,
알킨 화합물의 구조

활동목표. 히미 오! **탄소와 수소 원자로 구성된 탄화수소 화합물**에는 탄소 원자와 탄소 원자 사이에 **단일결합**(single bond), **이중결합**(double bond), 그리고 **삼중결합**(triple bond)을 갖는 알케인(alkane), 알켄(alkene), 그리고 알킨(alkyne) 화합물이 있어! 히미 오! 알케인, 알켄, 그리고 알킨 화합물의 구조를 알아보자.

상황. 히미 오! 다음 분자모형은 **탄소 원자 2개**를 갖는 **알케인**(alkane), **알켄**(alkene), 그리고 **알킨**(alkyne) **화합물**의 구조를 보여 주고 있어. 구조를 보고 **구성 원자수와 결합수를 나타내어라.**

	구조	구성 원자 및 수	결합수 (단일결합, 이중결합, 삼중결합)
에테인 ethane		**탄소:** 2 **수소:** ___	탄소-수소결합: ___ , 단일결합: ___ 탄소-탄소결합: ___ , 단일결합: ___
에틸렌 ethylene		**탄소:** ___ **수소:** ___	탄소-수소결합: ___ , 단일결합: ___ 탄소-탄소결합: ___ , 이중결합: ___
아세틸렌 acetylene		**탄소:** ___ **수소:** ___	탄소-수소결합: ___ , 단일결합: ___ 탄소-탄소결합: ___ , 단일결합: ___ , 삼중결합: ___

활동. 히미 오! 탄소화합물의 구조는 구성 원자간의 결합 길이와 결합각으로 나타내! 탄소 원자 2개를 갖는 **에테인(ethane), 에틸렌(ethylene), 아세틸렌(acetylene) 화합물의 구조에서 탄소-탄소 원자간의 결합 길이(bond length), 탄소-수소 원자 간의 결합 길이와 탄소-탄소-수소 원자 사이의 결합각(bond angle)**을 비교해라.

Structure3.2 **활동.** 히미 오! 탄소화합물에서 탄소 원자는 혼성 오비탈(sp^3, sp^2, sp 혼성)에 따라 **사면체(tetrahedral), 평면삼각형(trigonal planar), 직선(linear) 구조를 가져! 에테인(ethane), 에틸렌(ethylene),** 그리고 **아세틸렌(acetylene)** 분자에서 **탄소 원자가 어떤 구조 (사면체, 평면삼각형, 직선 구조)를 갖는지 예측해라. 그리고 그 이유를 적어라.**

Structure3.3 활동. 히미 오! **탄소-탄소 원자 사이에 단일결합, 이중결합**, 그리고 **삼중결합**이 존재하는 **에테인, 에틸렌**, 그리고 **아세틸렌**의 구조를 살펴보았지! **이중결합**의 **결합에너지는 단일결합의 결합에너지의 2배보다 작아**. 그리고 **삼중결합**의 **결합에너지**는 **단일결합**의 **결합에너지의 3배보다 작고**. **단일결합**은 **1개**의 **시그마(sigma)결합**으로 되어 있고, **이중결합**은 **1개**의 **파이(pi)결합**과 **1개**의 **시그마(sigma)결합**으로 되어 있어. **삼중결합**은 **몇 개이의 파이(pi)결합과 시그마(sigma)결합으로 구성되어 있는지 설명해라.**

Structure3 개념정리. 히미 오! 이번 활동을 통해 **알게 된 것을 적어라.**

Structure4.

방향족 화합물의 구조

활동목표. 히미 오! **방향족 화합물(aromatic compound)**과 **알켄(alkene) 화합물**은 모두 **이중결합(double bond)**을 갖고 있어. 그러나 방향족 화합물은 공명구조(resonance structure)를 통해 특별한 안정성을 가진대! 방향족 화합물에 **벤젠(benzene), 페놀(phenol)**과 **나이트로벤젠(nitrobenzene) 화합물**이 있어. 방향족 화합물은 구조적으로 **어떤 공통점**을 갖고 있을까? 히미 오! 1,3-사이클로헥사다이엔(1,3-cyclohexadiene), 벤젠, 페놀, 그리고 나이트로벤젠의 구조를 비교하여 방향족 화합물의 구조와 특성을 알아보자.

Structure4 **상황.** 히미 오! 다음 분자모형은 **이중결합**을 갖는 **육각 고리화합물**의 구조를 보여주고 있어. 구조를 보고 **구성 원자수와 결합수를 나타내어라.**

	구조	구성 원자 및 수	결합수 (단일결합, 이중결합, 삼중결합)
1,3-사이클로헥사다이엔 1,3-cyclo-hexadiene		**탄소:**___ **수소:**___	탄소-수소결합:___, 단일결합:___ 탄소-탄소결합:___, 단일결합:___, 이중결합:___
벤젠 benzene		**탄소:**___ **수소:**___	탄소-수소결합:___, 단일결합:___ 탄소-탄소결합:___, 단일결합:___, 이중결합:___
페놀 phenol		**탄소:**___ **수소:**___ **산소:**___	탄소-수소결합:___, 단일결합___ 탄소-탄소결합:___, 단일결합:___, 이중결합:___ 탄소-산소결합:___, 단일결합:___ 산소-수소결합:___, 단일결합:___
나이트로-벤젠 nitro-benzene		**탄소:**___ **수소:**___ **산소:**___ **질소:**___	탄소-수소결합:___, 단일결합:___ 탄소-탄소결합:___, 단일결합:___, 이중결합:___ 탄소-질소결합:___, 단일결합:___ 산소-질소결합:___, 단일결합:___, 이중결합:___

Structure4.1 **활동.** 히미 오! **1,3-뷰타다이엔(1,3-butadiene)**과 같이 유기화합물에서 원자가 전자에 의해 **단일결합 하나를 중심으로 다중결합(이중결합 또는 삼중결합)이 연결되어 있는 계를 공액계(콘쥬게이션계, conjugation system)**라고 해. **공액(콘쥬게이션)**은 금속에서와 같이 **전자가 이동할 수 있는 유기화합물의 성질을** 설명하는 중요한 개념이야! 히미 오! **유기화합물**에 금속과 같이 **전류를 흐르게 할 수 있으면** 매우 유용하겠지. 예로 **벤젠**은 하나의 **루이스**(Lewis) **구조**로 설명할 수 없어. 벤젠의 모두 탄소-탄소 원자 간의 결합은 **같은 결합 길이**를 갖는데. 벤젠의 루이스 구조에서는 **이중결합**과 **단일결합**이 존재하지. **어떻게 설명할 수 있을까?** 이것을 **공명(resonance) 구조**로 설명이 가능해. 예로 벤젠은 이중결합에 있는 파이(pi)결합 전자가 이웃에 있는 단일결합으로 이동하여 새로운 루이스 구조를 가져. 그래서 벤젠은 하나의 루이스 구조로 설명할 수 없고, 2개의 루이스 구조가 각각 50% 기여도를 갖는 **공명 구조**로 설명할 수 있어. 이 공명 구조가 향족화합물의 **특별한 안정성(공명 안정화 에너지)**을 설명해. 히미 오! 1,3-**사이클로헥사다이엔**(1,3-cyclohexadiene), **벤젠(benzene)**, **페놀(phenol)**, 그리고 **나이트로벤젠(nitrobenzene)**의 **공명 구조(resonance structure)**를 그려라.

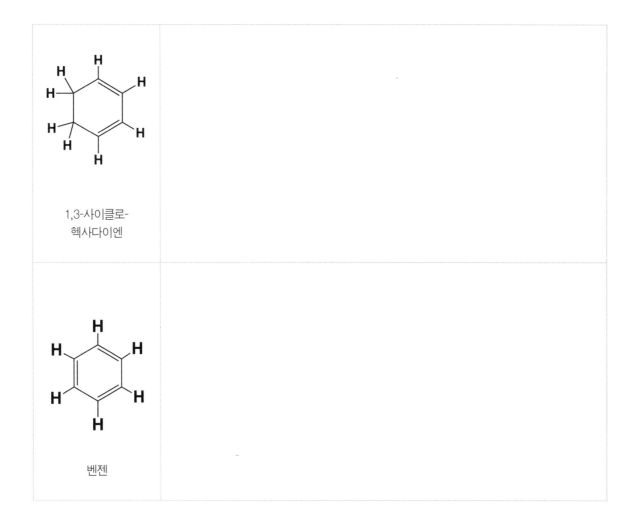

1,3-사이클로-
헥사다이엔

벤젠

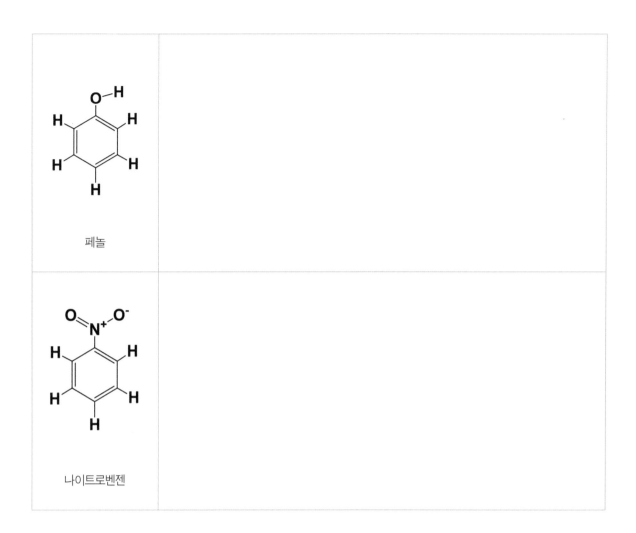

페놀	
나이트로벤젠	

Structure4.2 **활동.** 히미 오! **방향족 화합물**(aromatic compound)**의 공명 구조**가 많이 복잡하지! 그렇지만 하나씩 그리면서 연습을 해 보렴. 히미 오! **벤젠**(benzene), **페놀**(phenol), 그리고 **나이트로벤젠**(nitrobenzene) **공명 구조**(resonance structure)에서 **차이점을 적어라.**

Structure4.3 **활동.** 히미 오! **방향족 화합물(aromatic compound)**은 공명 구조를 통해 특별한 안정성을 갖어! 방향족 화합물은 **3가지 조건**을 만족해야 해! 벤젠, 페놀, 그리고 나이트로벤젠 화합물의 구조에서 **공통적인 특성(3가지 조건)을 찾아보아라.** 그리고 이 3가지 조건을 만족하는 탄소 원자수가 5개(**음이온** 화합물) 또는 7개(**양이온** 화합물)의 방향족 화합물이 존재한대! 그 구조를 그려라.

Structure4.4 **활동.** 히미 오! **알켄(alkene) 화합물**은 친전자체와의 반응에서 **이중결합**의 파이(pi) 전자가 **친전자체(electrophile)**을 **공격**해서 새로운 **단일결합을 추가로 형성**(1개의 파이(pi) 결합과 1개의 시그마(sigma) 결합이 2개의 시그마(sigma) 결합으로 바뀜)하지만, 방향족 화합물은 친전자체와의 반응에서 **친전자체가 방향족 화합물의 수소 원자**와 **자리 바꿈**을 해! 방향족 화합물은 반응할 때 **촉매**도 필요로 해. 엄청난 차이지! **그 이유가 뭘까?** 히미 오! 위의 정보를 이용해서 **벤젠(benzene)**과 **1,3-사이클로헥사다이엔(1,3-cyclohexadiene)**에 **브로민(Br_2) 분자와의 반응성**을 설명해 보렴(벤젠은 촉매로 $FeBr_3$을 사용해.).

히미 오와 함께하는 탄소화합물 가상탐구

알코올과 에터 화합물의 구조

활동목표. 히미 오! **탄소화합물**에는 탄소, 수소 원자와 함께 **산소 원자**를 포함하는 화합물이 있어. 예로 우리가 잘 알고 있는 **에탄올(ethanol)**이 있지. 히미 오! 탄화수소화합물에 **산소 원자**가 **탄소 원자와 탄소 원자 사이**에 들어갈 수도 있어! 이를 **에터 또는 에테르 화합물 (ether compound)**이라 해! 그리고 **산소 원자**가 **탄소 원자와 수소 원자 사이**에 들어갈 수도 있겠지! 이를 **알코올 화합물(alcohol compound)**이라 해! 히미 오! 동일한 분자식(molecular formula)을 갖는 알코올 화합물과 에터 화합물의 구조와 특성을 알아보자.

상황. 다음 분자모형은 **탄소 원자 2개**를 갖는 알코올(alcohol)과 에터(ether) 화합물의 구조를 보여 주고 있어. 구조를 보고 **구성 원자수와 결합수를 나타내어라.**

	구조	구성 원자 및 수	결합수 (단일결합, 이중결합, 삼중결합)
에탄올 ethanol		탄소:___ 수소:___ 산소:___	탄소-수소결합:___, 단일결합:___ 탄소-탄소결합:___, 단일결합:___ 탄소-산소결합:___, 단일결합:___ 산소-수소결합:___, 단일결합:___
다이메틸 에터 dimethyl ether		탄소:___ 수소:___ 산소:___	탄소-수소결합:___, 단일결합:___ 탄소-탄소결합:___, 단일결합:___ 탄소-산소결합:___, 단일결합:___

활동. 히미 오! **에탄올(ethanol)**과 **다이메틸 에터(dimethyl ether)** 화합물은 구조에서 **공통점과 차이점**을 적어라.

Structure5.2 **활동**. 히미 오! **에탄올**(ethanol)과 **다이메틸 에터**(dimethyl ether) 화합물은 같은 분자식을 갖고 있지만 **다른 연결성**(connectivity)을 가져! 이 두 화합물은 서로 **다른 물질적 성질**(physical property)을 가져! 대표적인 **물리적인 성질**에는 화합물의 **끓는점**(boiling point), **어는점**(melting point), **밀도**(density)가 있어! 물질의 물리적인 성질은 분자 간 **상호작용력**(intermolecular interaction)의 영향을 받아! 예로 분자 사이에 **강한 상호작용**을 가지면, **높은 끓는점과 어는점**을 갖게 돼! 예로 **물 분자는** 분자량에 비해 **높은 끓는점**을 갖는데, 이는 **물 분자**들 사이의 **강한 수소 결합**(hydrogen bond)으로 설명할 수 있어! 에탄올과 다이메틸 에터 화합물은 같은 분자량을 갖지만 **다른 물리적인 성질**을 갖고 있어! 히미 오! **에탄올**과 **다이메틸 에터 화합물의 끓는점과 어는점을 비교해라.**

Structure5.3 **활동**. 히미 오! **에탄올**(ethanol)은 **하이드록실기**(hydroxyl, -OH)를 갖고 있어! 6개의 **에탄올 분자**를 사용해 **수소결합**(hydrogen bond)을 갖는 구조를 그려라.

히미 오와 함께하는 탄소화합물 가상탐구

알코올, 아민, 알킬 할라이드 화합물의 구조

활동목표. 히미 오! 탄소화합물 중에는 탄소 원자가 아닌 **산소, 질소, 그리고 할로겐 원자**가 탄소 원자에 단일결합으로 연결된 화합물이 있어! **에탄올**에서와 같이 **산소 원자**는 2개의 공유결합을 통해 **옥텟 규칙 또는 팔전자 규칙(octet rule)**을 만족해! 그러나 **질소 원자**는 3개의 공유결합을 통해 **옥텟 규칙**을 만족할 수 있어! 그래서 질소 원자는 3개의 공유결합을 가져! 대표적인 분자로 **암모니아(NH_3)**가 있지! **할로겐 원자**는 수소 원자와 같이 **1개**의 결합을 통해 옥텟 규칙을 만족해! **할로겐 원자**에는 **플루오린(F), 염소(Cl), 브로민(Br), 그리고 아이오딘(I) 원자**가 있어! 할로겐 원자가 탄소 원자에 단일결합으로 결합하면 **알킬 할라이드(alkyl halide)** (또는 할로알케인(haloalkane)) 화합물이 돼!

히미 오! 알코올(alcohol), 아민(amine), 그리고 알킬 할라이드 화합물(alkyl halide compound)의 구조와 특성을 알아보자.

상황. 다음 분자모형은 **3개** 탄소 원자를 갖는 **알코올(alcohol), 아민(amine)**, 그리고 **알킬 할라이드(alkyl halide)** 화합물의 구조를 보여 주고 있어. 구조를 보고 **구성 원자수와 결합수를 나타내어라.**

	구조	구성 원자 및 수	결합수 (단일결합, 이중결합, 삼중결합)
프로판올 propanol		탄소:___ 수소:___ 산소:___	탄소-수소결합:___, 단일결합:___ 탄소-탄소결합:___, 단일결합:___ 탄소-산소결합:___, 단일결합:___ 산소-수소결합:___, 단일결합:___
프로필아민 propyl amine		탄소:___ 수소:___ 질소:___	탄소-수소결합:___, 단일결합:___ 탄소-탄소결합:___, 단일결합:___ 탄소-질소결합:___, 단일결합:___ 질소-수소결합:___, 단일결합:___
1-클로로 프로페인 1-chloro- propane		탄소:___ 수소:___ 염소:___	탄소-수소결합:___, 단일결합:___ 탄소-탄소결합:___, 단일결합:___ 탄소-염소결합:___, 단일결합:___

Structure6.1 활동. 히미 오! 같은 탄소 원자수를 갖는 **알케인(alkane), 알코올(alcohol), 아민 (amine), 그리고 알킬 할로겐(alkyl halide) 화합물**의 **수소 원자수**를 **비교해라.** 차이가 있다면 그 이유를 적어라(탄소 원자가 n개라고 가정해라.).

Structure6.2 활동. 히미 오! **알케인(alkane) 화합물**에 존재하는 탄소 원자를 **1차 탄소(primary carbon), 2차 탄소(secondary carbon), 3차 탄소(tertiary carbon)** 그리고 **4차 탄소(quaternary carbon)**로 구분할 수 있어. **메테인(methane, CH_4)**에는 탄소 원자에 **4개의 수소 원자**가 결합하고 있지. 메테인에 결합한 **수소 원자 대신**에 **탄소 원자(알킬기(alkyl group))**가 결합하면 알케인 화합물에서 **탄소 원자의 차수**가 달라지게 돼!

알킬 할라이드 화합물(alkyl halide compound)은 할로겐(halogen)(**플루오린, 염소, 브로민, 아이오 딘**) 원자에 단일결합으로 연결된 **탄소 원자의 차수**가 알킬 할라이드 화합물의 반응성에 영향을 줘. 그리고 **알코올 화합물(alcohol compound)**도 **1차 알코올(primary alcohol), 2차 알코올(secondary alcohol), 그리고 3차 알코올(tertiary alcohol)**로 구분할 수 있어. 당연히 4차 알코올은 없어. 구조를 그려 보면 금방 알 수 있겠지.

그리고 **아민 화합물(amine compound)**도 **1차 아민(primary amine), 2차 아민(secondary amine), 그리고 3차 아민(tertiary amine) 화합물**로 구분해. 그런데 **아민 화합물의 차수(order)**는 알킬 할라이드(alkyl halide)와 알코올(alcohol) 화합물의 차수와는 달라! 아민 화합물의 차수는 아민 화합물의 **질소 원자에 결합한 탄소 원자(알킬기(alkyl group))수**에 따라 **1차 아민, 2차 아민, 3차 아민 화합물**로 구분해! 알케인(alkane) 화합물에서 탄소 원자의 차수가 **메테인(methane, CH_4)**으로부터 수소 원자 대신에 결합한 **탄소 원자(알킬기(alkyl group))수**로 결정하는 것처럼 아민 화합물도 **암모니아(NH_3)**에서 질소 원자에 결합한 3개의 수소 원자 대신에 결합한 **탄소 원자(알킬기(alkyl group))수**에 의해 **아민 화합물의 차수**가 정해져! 암모니아의 질소 원자에 수소 원자가 하나 더 결합하면 **암모늄 양이온(NH$_4^+$)이** 돼! 아민 화합물(amine compound)도 3차 아민 화합물(tertiary amine compound)에 질소 원자 자리에 **탄소 원자(알킬기(alkyl group))** 가 하나 더 결합하면 **알킬 암모늄 양이온(alkyl ammonium cation)이** 돼! 무척 복잡하지!

히미 오! **가장 작은 탄소 원자수** 를 사용해서 알케인(alkane), 알킬 할라이드(alkyl halide), 알코올(alcohol), 그리고 아민(amine) 화합물의 **1차(primary)**, **2차(secondary)**, **3차(tertiary) 화합물** 의 구조를 그려라.

		1차 primary	2차 secondary	3차 tertiary	4차 quaternary
알케인 alkane	CH$_4$				
알킬 할라이드 alkyl halide	CH$_3$X				-
알코올 alcohol	CH$_3$OH				-
아민 amine	NH$_3$				NR$_4^+$

활동. 히미 오! 위의 정보를 정리해서 **알킬 할라이드**(alkyl halide), **알코올**(alcohol)과 **아민**(amine) **화합물**의 **차수**(order)를 정할 때 **차이점을 설명해라.**

Structure6 **개념정리.** 히미 오! 이번 활동을 통해 **알게 된 것을 적어라.**

알데하이드와
케톤 화합물의 구조

Structure7 활동목표. 히미 오! 탄소화합물(carbon compound)에서 탄소 원자는 다른 탄소 원자와 단일결합(single bond), 이중결합(double bond), 그리고 삼중결합(triple bond)을 할 수 있어. 탄소화합물에서 탄소 원자는 탄소가 아닌 **질소 또는 산소 원자**와도 **단일결합, 이중결합**, 그리고 **삼중결합**을 할 수 있어. 대표적 화합물로 **탄소 원자와 산소 원자가 이중결합으로** 결합한 **카보닐(carbonyl, C=O)기**를 갖는 화합물이 있어. **카보닐 화합물(carbonyl compound)**은 매우 중요한 탄소화합물이야! 히미 오! 먼저 카보닐 화합물 중에서 카보닐기의 탄소 원자에 탄소 원자(알킬기(alkyl group)) 2개가 결합하면 **케톤 화합물(ketone compound)**이고, 적어도 1개의 수소 원자가 결합하면 **알데하이드 화합물(aldehyde compound)**이야. 히미 오! 알데하이드와 케톤 화합물의 구조와 특성을 알아보자.

Structure7 상황. 히미 오! 다음 분자모형은 대표적인 **케톤(ketone)**과 **알데하이드(aldehyde)** 화합물의 구조를 보여 주고 있어. 구조를 보고 **구성 원자수와 결합수를 나타내어라.**

	구조	구성 원자 및 수	결합수 (단일결합, 이중결합, 삼중결합)
폼알데하이드 formaldehyde		**탄소:**___ **수소:**___ **산소:**___	탄소-수소결합:___, 단일결합:___ 탄소-산소결합:___, 이중결합:___
벤즈-알데하이드 benzaldehyde		**탄소:**___ **수소:**___ **산소:**___	탄소-수소결합:___, 단일결합:___ 탄소-탄소결합:___, 단일결합:___, 이중결합:___ 탄소-산소결합:___, 이중결합:___
아세톤 acetone		**탄소:**___ **수소:**___ **산소:**___	탄소-수소결합:___, 단일결합:___ 탄소-탄소결합:___, 단일결합:___ 탄소-산소결합:___, 이중결합:___
아세토페논 aceto-phenone		**탄소:**___ **수소:**___ **산소:**___	탄소-수소결합:___, 단일결합:___ 탄소-탄소결합:___, 단일결합:___, 이중결합:___ 탄소-산소결합:___, 이중결합:___

Structure7.1 **활동**. 히미 오! **카보닐 탄소화합물**(carbonyl carbon compound) 중에서 카보닐 탄소 원자(carbonyl carbon atom)에 **수소 원자나 탄소 원자(알킬기**(alkyl group))가 결합한 구조를 갖는 **알데하이드**(aldehyde)와 **케톤**(ketone) **화합물** 중에서 가장 작은 탄소 원자수를 갖는 화합물의 구조를 그려라.

Structure7.2 **활동**. 히미 오! **카보닐 탄소화합물**(carbonyl carbon compound)은 탄소화합물의 **반응**(reaction)에서 매우 유용하게 사용하고 있어. 카보닐 탄소화합물이 어떤 **특징**을 갖고 있기 때문일까? **카보닐**(carbonyl, C=O)**기는 공명 구조**(resonance structure)를 가져. 히미 오! 다음 그림의 **카보닐기의 공명 구조를 보고 어떤 특징이 있는지 설명해라**(실제 카보닐기의 구조는 두 공명 구조의 중간구조로 설명할 수 있어.).

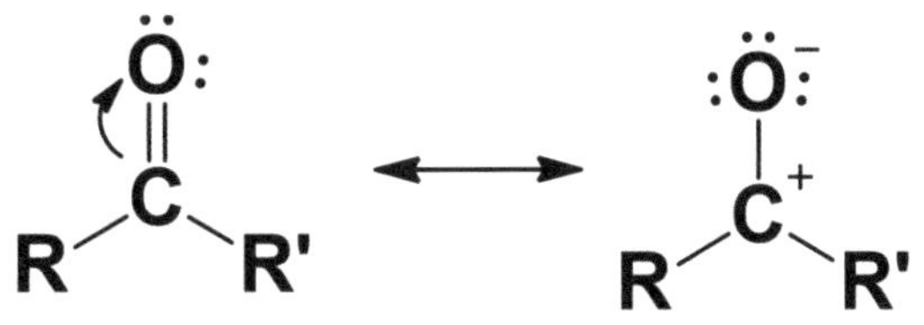

(R'=H : aldehyde,
R'= alkyl or aryl : ketone)

카복실산 유도체 화합물의 구조

활동목표. 히미 오! **카보닐(carbonyl, C=O)기**를 갖는 대표적인 물질 중에 **아세트산(acetic acid)**이 있어. 아세트산은 **식초의 주성분**으로 **약한 산성(weak acid)** 화합물이야. 카보닐기의 탄소 원자(carbonyl carbon atom)에 한 자리는 **탄소(알킬기(alkyl group)) 또는 수소 원자**가 결합하고, 다른 한 자리에 단일결합으로 **산소, 질소, 할로겐(halogen)(플루오린, 염소, 브로민, 아이오딘) 원자**가 결합할 수 있어. 이 화합물을 **카복실산 유도체(carboxylic acid derivatives)**라고 해. 카복실산 유도체에는 **카복실산(carboxylic acid), 에스터(ester), 아마이드(amide), 아실 할라이드(acyl halide), 무수산(acid anhydride), 나이트릴(nitrile)** 화합물이 있어. **카보닐기의 탄소 원자**의 한 자리에 탄소나 수소 원자가 단일결합으로 연결되고 나머지 자리에 **하이드록실(hydroxyl, -OH)기**가 결합하면 **카복실산(carboxylic acid)** 화합물이 돼! 아세트산(acetic acid)이 대표적인 카복실산 화합물이야. 히미 오! 카복실산 유도체(carboxylic acid derivatives) 화합물의 구조와 특성을 알아보자.

상황. 히미 오! 다음 분자모형은 **카복실산 유도체(carboxylic acid derivatives)** 화합물인 **아세트산(acetic acid), 에틸 아세테이트(ethyl acetate), 아세트 아마이드(acetamide), 염화 아세틸(acetyl chloride), 무수 아세트산(acetic acid anhydride),** 그리고 **아세토나이트릴(acetonitrile)** 화합물의 구조를 보여 주고 있어. 구조를 보고 **구성 원자수와 결합수를 나타내어라.**

	구조	구성 원자 및 수	결합수 (단일결합, 이중결합, 삼중결합)
아세트산 acetic acid		**탄소:**___ **수소:**___ **산소:**___	탄소-수소결합:___, 단일결합:___ 탄소-탄소결합:___, 단일결합:___ 탄소-산소결합:___, 단일결합:___, 이중결합:___ 산소-수소결합:___, 단일결합:___
에틸 아세테이트 ethyl acetate		**탄소:**___ **수소:**___ **산소:**___	탄소-수소결합:___, 단일결합:___ 탄소-탄소결합:___, 단일결합:___ 탄소-산소결합:___, 단일결합:___, 이중결합:___
아세트- 아마이드 acetamide		**탄소:**___ **수소:**___ **산소:**___ **질소:**___	탄소-수소결합:___, 단일결합:___ 탄소-탄소결합:___, 단일결합:___ 탄소-산소결합:___, 이중결합:___ 탄소-질소결합:___, 단일결합:___ 질소-수소결합:___, 단일결합:___

염화 아세틸 acetyl chloride		탄소:___ 수소:___ 산소:___ 염소:___	탄소-수소결합:___ , 단일결합:___ 탄소-탄소결합:___ , 단일결합:___ 탄소-산소결합:___ , 이중결합:___ 탄소-염소결합:___ , 단일결합:___
무수 아세트산 acetic acid anhydride		탄소:___ 수소:___ 산소:___	탄소-수소결합:___ , 단일결합:___ 탄소-탄소결합:___ , 단일결합:___ 탄소-산소결합:___ , 단일결합:___ , 이중결합:___
아세토- 나이트릴 aceto-nitrile		탄소:___ 수소:___ 질소:___	탄소-수소결합:___ , 단일결합:___ 탄소-탄소결합:___ , 단일결합:___ 탄소-질소결합:___ , 삼중결합:___

Structure8.1 **활동.** 히미 오! **카보닐 화합물(carbonyl compound)**에서 **카보닐(carbonyl, C=O)기의 탄소 원자** 자리에 2개의 결합이 가능해. 카보닐기의 탄소 원자에 두 개의 탄소 원자(**알 킬기(alkyl group)**)가 결합한 **케톤 화합물(ketone compound)**과 카보닐 화합물의 탄소 원자에 최소 하나의 수소 원자가 결합한 **알데하이드 화합물(aldehyde compound)**이 있어! 케톤 화합물 과 알데하이드 화합물은 친핵체와 반응에서 카보닐기의 탄소 원자(carbonyl carbon atom)를 **친 핵체(nucleophile)**가 공격하여 친핵체가 카보닐기에 첨가된대! 이때 카보닐기의 탄소와 산소 원 자 간의 이중결합(double bond)이 단일결합(single bond)으로 바뀌면서 **알콕사이드(alkoxide, RO⁻) 음이온** (알코올의 **짝염기** 화합물)이 만들어진대! **카보닐 탄소 원자(carbonyl carbon atom)** 한 자리에 탄소 원자(**알킬기(alkyl group)**) 또는 수소 원자가 결합하고 나머지 한 자리에 **산소, 질 소, 할로겐(플루오린, 염소, 브로민, 아이오딘) 원자**가 결합한 **카복실산 유도체(carboxylic acid derivatives) 화합물**(**카복실산(carboxylic acid)**, **에스터(ester)**, **아마이드(amide)**, **무수산(acid anhydride)**, **아실 할라이드(acyl halide)**, **나이트릴(nitrile) 화합물**이 있어! 카복실산 유도체 화합 물의 **친핵체(nucleophile)**에 대한 반응(reactivity)은 **친핵체가 카보닐 탄소 원자를 공격하여 친 핵체가 첨가되어 카보닐기의 탄소와 산소 원자 간의 이중결합**이 **단일결합**으로 바뀌는 것까지는 같아! 그러나 이때 생성되는 반응 **중간체(reaction intermediate)**는 알콕사이드 음이온(alkoxide anion)보다 **불안정**해서 다시 카보닐(carbonyl)기가 생성되려고 해! 이 과정에서 카복실산 유 도체 화합물이 **다른 유도체**로 바뀌면서 반응이 일어나! **히미 오!** 위의 정보를 이용하여 **아세톤 (acetone)**과 **에틸 아세테이트(ethyl acetate)**에 **하이드록사이드(hydroxide, OH-) 음이온과의 반응**

(reaction)을 이용해서 설명해라.

Structure8.2 **활동.** 히미 오! **카보닐 화합물**(carbonyl compound)중에서 카복실산 유도체 화합물에서 카보닐기의 탄소 원자에 단일결합으로 연결된 **산소, 질소, 할로겐**(플루오린, 염소, 브로민, 아이오딘) 원자의 결합이 끊어질 수 있어! 그래서 **카복실산 유도체**에서 다른 유도체를 합성할 수 있어! 왜 **카복실산, 에스터, 아마이드, 무수산, 아실할라이드, 나이트릴 화합물**을 **카복실산 유도체**라고 하는지 알겠지! 히미 오! **카복실산 유도체 화합물**에서 카보닐기의 탄소 원자와 단일결합으로 연결된 **산소, 질소, 할로겐(플루오린, 염소, 브로민, 아이오딘) 원자의 결합**이 얼마나 잘 끊어지는가를 **예측**할 수 있을까? 히미 오! 이 결합이 끊어진 후, 생성되는 물질은 **음이온**이야. **이 음이온의 구조와 그 짝산의 구조를 그려라.**

카복실산 유도체 carboxyl acid derivatives	음이온 anion	짝산 conjugate acid
아세트산 (acetic acid)		

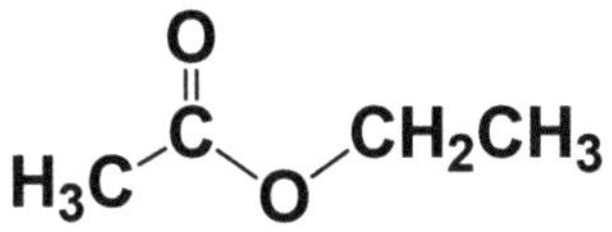

에틸 아세테이트
(ethyl acetate)

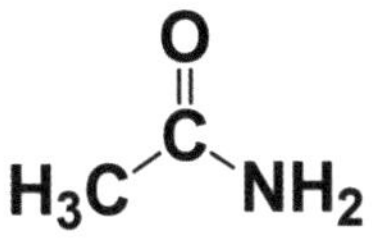

아세트아마이드
(acetamide)

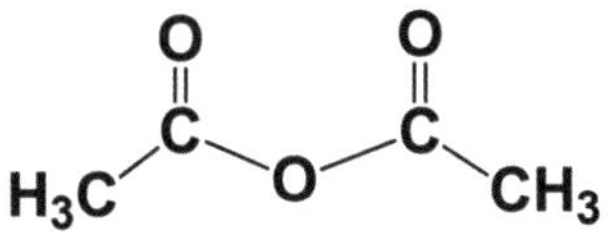

무수 아세트산
(acetic acid anhydride)

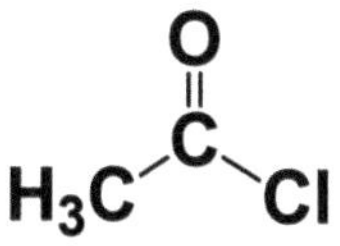

염화 아세틸
(acetyl chloride)

활동. 히미 오! 카보닐 탄소 원자(carbonyl carbon atom) 한 자리에 탄소 원자(알킬기(alkyl group)) 또는 수소 원자가 결합하고 나머지 한 자리에 산소 원자, 질소 원자, 할로겐(플루오린, 염소, 브로민, 아이오딘) 원자가 결합한 구조를 갖는 **카복실산 유도체(carboxylic acid derivatives) 화합물**에서 카보닐기의 탄소 원자와 단일결합으로 연결된 **산소,** 질소, **할로겐(halogen)(플루오린, 염소, 브로민, 아이오딘)** 원자의 **결합이 끊어질 수 있어!** 이 결합들이 얼마나 잘 끊어지는가를 예측할 수 있을까? 이 결합이 끊어졌을 때 생성되는 **음이온(anion)의 짝산(conjugate acid)의 산성도(acidity)**와 어떤 관련성이 있는지 설명해라.

개념정리. 히미 오! 이번 활동을 통해 **알게 된 것을 적어라.**

용매 분자로서 탄소화합물

활동목표. 히미 오! **물(water)**은 대표적인 **용매(solvent) 분자**야! **극성 화합물(polar compound)**은 물에 잘 녹는(soluble) 반면에, **무극성 화합물(nonpolar compound)**은 물에 녹지 않아. 탄소화합물(carbon compound)중에도 물에 녹는 물질이 있겠지? 그럼 **탄소화합물** 중에 물과 같이 **용매 분자**로 사용되는 화합물에 뭐가 있을까? 히미 오! **화학반응(chemical reaction)**에서 적절한 **용매**를 찾는 것은 매우 중요해! 왜냐하면 **화학반응이 용매의 영향**을 받기 때문이야! 그리고 반응이 **완료**된 후에는 적절한 용매를 선택해서 **추출(extraction)**이나 **재결정(recrystallization)** 등의 방법으로 원하는 생성물만 분리할 수 있어. 보통 용매로 사용하는 물질은 **표준상태(standard condition)**(상온, 1기압 조건)에서 **액체 상태**이고 **낮은 반응성**을 가져야 하겠지! **비슷한 극성**을 갖는 물질은 서로 쉽게 **섞이거나 녹아!** 즉 **극성**인 물질은 극성인 물질과 잘 섞이고, **무극성**인 물질은 무극성인 물질끼리 잘 섞인다고 할 수 있지! 물(H_2O)이 극성 물질과 잘 섞이는 반면에 헥세인(hexane, C_6H_{14})은 무극성 물질과 잘 섞이겠지! **용매**로 사용하는 탄소화합물의 **극성(polarity)**을 어떻게 **예측**할 수 있을까? **용매**로 사용하는 **탄소화합물**은 **휘발성**이 강하고, **독성**이 있는 것도 있어서 다룰 때 조심해야 해. 조금 더 **안전한 용매**로 사용할 수 있는 탄소화합물에는 어떤 것이 있을까? **에탄올(ethanol), 아세톤(acetone), 에틸 아세테이트(ethyl acetate)**, 그리고 **다이메틸 설폭사이드(dimethyl sulfoxide)**는 안전한 용매로 분류되지만, **다이클로로메테인(dichloromethane)**이나 **클로로폼(chloroform), 사염화탄소(tetrachloromethane)**는 위험성이 있으므로 다룰 때 **주의**를 기울여야 해! 히미 오! 용매 분자로 사용되는 탄소화합물의 극성을 알아보자.

상황. 다음 분자모형은 탄소화합물 중에 용매로 사용되는 화합물의 구조를 보여주고 있어. 구조를 보고 **구성 원자수와 결합수**를 나타내어라.

	구조	구성 원자 및 수	결합수 (단일결합, 이중결합, 삼중결합)
에탄올 ethanol		탄소:___ 수소:___ 산소:___	탄소-수소결합:___, 단일결합:___ 탄소-탄소결합:___, 단일결합:___ 탄소-산소결합:___, 단일결합:___ 산소-수소결합:___, 단일결합:___
메탄올 methanol		탄소:___ 수소:___ 산소:___	탄소-수소결합:___, 단일결합:___ 탄소-산소결합:___, 단일결합:___ 산소-수소결합:___, 단일결합:___

에틸 아세테이트 ethyl acetate		**탄소:**___ **수소:**___ **산소:**___	탄소-수소결합:___, 단일결합:___ 탄소-탄소결합:___, 단일결합:___ 탄소-산소결합:___, 단일결합:___, 이중결합:___
아세톤 acetone		**탄소:**___ **수소:**___ **산소:**___	탄소-수소결합:___, 단일결합:___ 탄소-탄소결합:___, 단일결합:___ 탄소-산소결합:___, 이중결합:___
아세토- 나이트릴 acetonitrile		**탄소:**___ **수소:**___ **질소:**___	탄소-수소결합:___, 단일결합:___ 탄소-탄소결합:___, 단일결합:___ 탄소-질소결합:___, 삼중결합:___
톨루엔 toluene		**탄소:**___ **수소:**___	탄소-수소결합:___, 단일결합:___ 탄소-탄소결합:___, 단일결합:___, 이중결합:___
다이에틸 에터 diethyl ether		**탄소:**___ **수소:**___ **산소:**___	탄소-수소결합:___, 단일결합:___ 탄소-탄소결합:___, 단일결합:___ 탄소-산소결합:___, 단일결합:___
클로로폼 chloro-form		**탄소:**___ **수소:**___ **염소:**___	탄소-수소결합:___, 단일결합:___ 탄소-염소결합:___, 단일결합:___
다이클로로- 메테인 dichloro- methane		**탄소:**___ **수소:**___ **염소:**___	탄소-수소결합:___, 단일결합:___ 탄소-염소결합:___, 단일결합:___
테트라- 하이드로퓨란 tetrahydro- furane		**탄소:**___ **수소:**___ **산소:**___	탄소-수소결합:___, 단일결합:___ 탄소-탄소결합:___, 단일결합:___ 탄소-산소결합:___, 단일결합:___

아세트산 acetic acid		탄소:___ 수소:___ 산소:___	탄소-수소결합:___, 단일결합:___ 탄소-탄소결합:___, 단일결합:___ 탄소-산소결합:___, 단일결합:___, 이중결합:___ 산소-수소결합:___, 단일결합:___
다이메틸- 폼아마이드 dimethyl- formamide		탄소:___ 수소:___ 산소:___	탄소-수소결합:___, 단일결합:___ 탄소-산소결합:___, 이중결합:___ 탄소-질소결합:___, 단일결합:___
다이메틸 설폭사이드 dimethyl- sulfoxide		탄소:___ 수소:___ 산소:___ 황:___	탄소-수소결합:___, 단일결합:___ 탄소-황결합:___, 단일결합:___ 산소-황결합:___, 이중결합:___

Solubility1.1 **활동** 히미 오! **용매**(solvent)로 사용되는 탄소화합물중에 **극성**인 화합물(polar compound)과 **무극성 화합물**(nonpolar compound)이 있겠지! **극성인 화합물**은 극성 화합물과 **강한 상호작용**을 통해 잘 섞이고, **무극성 화합물**은 무극성 화합물을 녹이거나 잘 섞이는 성질이 있어! 물은 대표적인 **극성 화합물**이고 **헥세인**(hexane, C_6H_{14})은 대표적인 무극성 화합물이어서 **물과 헥세인은 서로 섞이지 않아!**

히미 오! **물과 헥세인**을 사용해 **용매**로 사용되는 **탄소화합물의 극성**을 **예측하는 실험**을 **설계**해라.

Solubility1.2 활동 히미 오! 용매(solvent)로 사용되는 탄소화합물의 **극성**(polarity)을 **구조**로 부터 **예측**할 수 있을까? **화합물의 극성**은 두 가지 요소를 고려해야 해! 먼저 화합물을 구성하는 **원자의 전기 음성도**(electronegativity)를 비교해서 **원자 간 결합의 극성**을 **예측**할 수 있겠지! 그리고 화합물을 구성하는 모든 **결합의 극성의 합**으로 **화합물의 극성**을 **예측**할 수 있어! 예로 이산화탄소(carbon dioxide, CO_2)는 탄소와 산소 원자 결합에 극성이 존재하지만, 두 결합의 극성의 방향이 서로 반대 방향으로 작용해서 이산화탄소는 무극성 분자야. **전기 음성도**는 원자나 분자가 화학 결합을 할 때, 다른 전자를 끌어들이는 능력의 척도로, 전기 음성도가 높을 수록 원자가전자(valence electron)를 더 끌어 당겨. 그래서 전기음성도는 원자가전자, 원자핵의 거리와 원자 번호에 의해 결정된다고 해! 라이너스 폴링(Linus Pauling)이 정의한 전기 음성도 값인 **플루오린(F) 원자: 4.0, 산소(O) 원자: 3.5, 질소(N) 원자: 3.0, 탄소(C) 원자: 2.5, 수소(H) 원자: 2.1**를 기억하면 도움이 될거야!

	예측한 극성	그 이유
에탄올 ethanol		
메탄올 methanol		
에틸 아세테이트 ethyl acetate		
아세톤 acetone		
아세토나이트릴 acetonitrile		

톨루엔 toluene		
다이에틸 에터 diethyl ether		
클로로폼 chloroform		
다이클로로-메테인 dichloro-methane		
테트라-하이드로퓨란 tetrohydro-furane		
아세트산 acetic acid		
다이메틸-폼아마이드 dimethyl- formamide		
다이메틸 설폭사이드 dimethyl-sulfoxide		

활동 히미 오! 다음 분자모형은 용매(solvent)로 사용되는 탄소화합물의 구조를 보여 주고 있어. 구조를 보고 **용매**로 사용하는 탄소화합물이 **물(water)**과 섞이는지 아니면 **헥세인(hexane)**과 섞이는지 **예측**해라.

	구조	물에 대한 용해도	헥세인에 대한 용해도
에탄올 ethanol			
메탄올 methanol			
에틸 아세테이트 ethyl acetate			
아세톤 acetone			
아세토- 나이트릴 acetonitrile			
톨루엔 toluene			

다이에틸 에터 diethyl ether			
클로로폼 chloroform			
다이클로로- 메테인 dichloro- methane			
테트라 하이드로퓨란 tetrahydro- furane			
아세트산 acetic acid			
다이메틸- 폼아마이드 dimethyl- formamide			
다이메틸 설폭사이드 dimethyl- sulfoxide			

아세틸 살리실산(아스피린) 합성

Drug Synthesis1 **활동목표.** 히미 오! 우리는 일상 생활에서 **아스피린(aspirin)**이나 **타이레놀(tylenol)**과 같은 **탄소화합물 의약품**의 도움을 받아. **의약품**은 질병을 **치료**하는 목적으로 사용하기 때문에 개발하는 과정에서 **임상실험**을 통해 그 **약효**뿐만 아니라 **부작용**도 잘 확인되어야 해! 의약품은 인간이 **경험**을 통해 얻은 **지식**을 바탕으로 개발되기도 하고, **질병**을 **치료**하는 과정에서 **우연히** 찾아내기도 해! 히미 오! 최초의 **합성 의약품**이 뭔지 아니? **아스피린**이야! 그럼 아스피린은 어떻게 합성되었을까? 오랫동안 버드나무 껍질이 해열 진통 작용이 있다는 기록이 있었는데, 1828년에 프랑스의 약학자 앙리 르루(Henri Leroux)가 **버드나무 껍질**에서 처음으로 해열 진통의 효과를 내는 **살리실산(salicylic acid)**을 **추출**했고, 이탈리아의 라파엘레 피리아(Raffaele Piria)가 살리실산 정제법을 알아냈대! 그런데 살리실산은 위장 장애의 **부작용**이 있어 먹기가 어려웠대. 이 문제를 해결하기 위해 연구하던 중에 1897년 독일 프리드리히 바이엘 사의 연구원 펠릭스 호프만(Felix Hoffmann)이 부작용이 줄어든 **아세틸 살리실산(acetylsalicylic acid)**을 합성했어! 이것이 **최초의 합성 의약품인 아스피린(aspirin)**이야! 정말 신기하지 않아!

세상에 완벽한 약은 존재하지 않는 것 같아! **과학 기술이 발달한 지금도 약을 개발하는 것은 엄청난 돈**과 시간과 노력이 필요해! 히미 오! 약을 개발하는 과정에서 **탄소화합물의 합성**이 중요한 역할을 하겠지! 히미 오! 탄소화합물 합성 방법에 대해 알아보자.

탄소화합물을 **합성하는 과정**은 1) **반응 혼합물**을 만드는 과정 2) 반응을 모니터하여 **반응이 완료된 시점**을 찾는 과정 3) 반응이 끝나면 원하는 **생성물을 분리**하는 과정(**추출(extraction)**, **재결정(recrystallization)**, **크로마토그래피(chromatography)**, **증류(distillation)**) 방법이 일반적인 분리 방법으로 사용되고 있어.) 4) **생성물의 구조와 성질을 확인**하고 **수득률(yield)**을 측정하는 과정으로 이루어져! 히미 오! 이 과정을 따라하면서 탄소화합물을 합성하는 방법을 배워 보자. **히미 오! 살리실산(salicylic acid)에서 아세틸 살리실산(acetylsalicylic acid)을 합성해 보자.**

Drug Synthesis1 **상황**. 히미 오! 다음 분자모형은 **살리실산(salicylic acid)**으로부터 **아세틸 살리실산(acetylsalicylic acid)** 합성과 관련된 **화합물의 구조**를 보여 주고 있어. 구조를 보고 **구성 원자수와 결합수를 나타내어라.**

	구조	구성 원자 및 수	결합수 (단일결합, 이중결합, 삼중결합)
살리실산 salicylic acid		**탄소:**___ **수소:**___ **산소:**___	탄소-수소결합:___ , 단일결합:___ 탄소-탄소결합:___ , 단일결합:___ , 이중결합:___ 탄소-산소결합:___ , 단일결합:___ , 이중결합:___ 산소-수소결합:___ , 단일결합:___
아세틸- 살리실산 acetyl- salicylic acid		**탄소:**___ **수소:**___ **산소:**___	탄소-수소결합:___ , 단일결합:___ 탄소-탄소결합:___ , 단일결합:___ , 이중결합:___ 탄소-산소결합:___ , 단일결합:___ , 이중결합:___ 산소-수소결합:___ , 단일결합:___
무수 아세트산 acetic acid anhydride		**탄소:**___ **수소:**___ **산소:**___	탄소 -수소결합:___ , 단일결합:___ 탄소-탄소결합:___ , 단일결합:___ 탄소-산소결합:___ , 단일결합:___ , 이중결합:___

Drug Synthesis1.1 **활동**. 히미 오! **살리실산(salicylic acid)**과 **아세틸 살리실산**(acetylsalicylic acid) 화합물의 **구조**에서 **공통점**과 **차이점**을 적어라.

활동. 히미 오! **살리실산(salicylic acid)**에서 **아세틸 살리실산**(acetylsalicylic acid)을 **합성**할 때, 반응물로 **살리실산(salicylic acid)**, **무수 아세트산(acetic acid anhydride)**, 그리고 촉매로 **인산(phosphoric acid)**을 사용해! 히미 오! **어떤 순서로 반응 물질을 섞을지 설명하고 그 이유를 적어라**. 그리고 반응 혼합물이 **균일 혼합물** 또는 **불균일 혼합물**일지 예측해라.

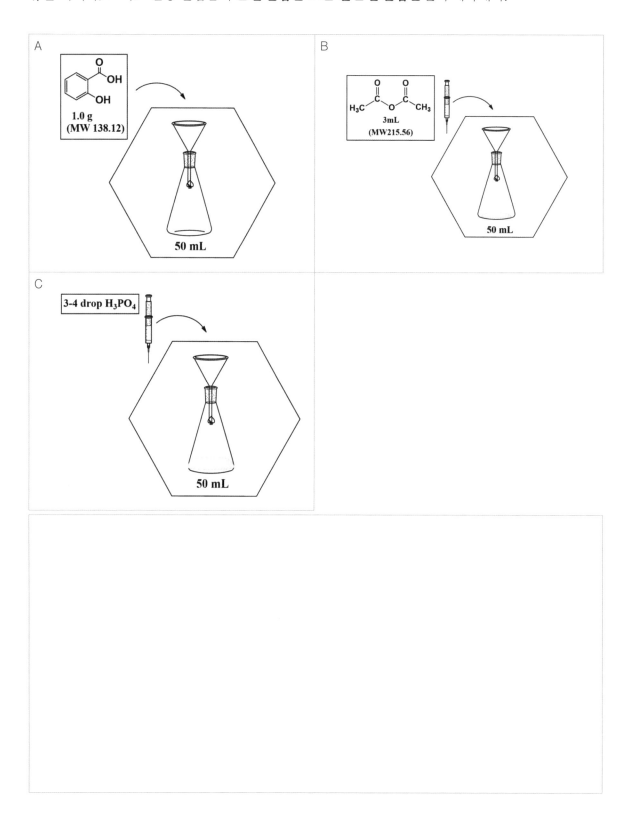

활동. 히미 오! 반응 혼합물을 물 중탕으로 80~90도 정도에서 15~20분 정도 가열하면 아세틸 살리실산(acetylsalicylic acid)이 생성된다고 해! 다음 그림은 반응 모식도를 보여 주고 있어. 반응이 진행되면서 **어떤 변화**가 관측이 될까? 그리고 **반응이 완료**된 것을 어떻게 알 수 있을지 설명해라.

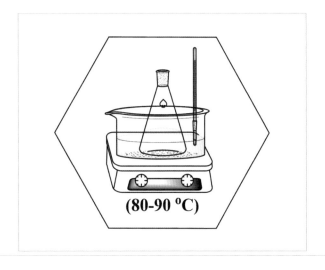

(80-90 °C)

활동. 히미 오! **반응이 완료된** 후, 반응 혼합물에서 순수한 **생성물인 아세틸 살리실산**(acetylsalicylic acid)을 **분리**해야 해! 생성물 분리 과정을 **워크업**(work-up)이라고 한대! 이 과정에서 일반적으로 **재결정**(recrystallization), **추출**(extraction), **크로마토그래피**(chromatography), 또는 **증류**(distillation) **방법**을 적절히 사용해. 히미 오! 화학반응 실험에서 이 네 가지 **기술**을 배우도록 해! 반응이 끝난 후에 반응 물질인 **살리실산**(salicylic acid), **무수 아세트산**(acetic acid anhydride), 그리고 **인산**(phosphoric acid)이 남아 있을 수도 있어! **어떻게 하면 순수한 아세틸 살리실산**(acetylsalicylic acid)을 **얻을 수 있을까?**

다음 모식도는 순수한 **아세틸 살리실산**(acetylsalicylic acid)을 얻는 방법을 보여 주고 있어. **이 과정에서 어떤 방법을 사용해서 순수한 아세틸 살리실산을 얻는지 설명하고, 그 방법이 사용된 이유**

를 적어라.

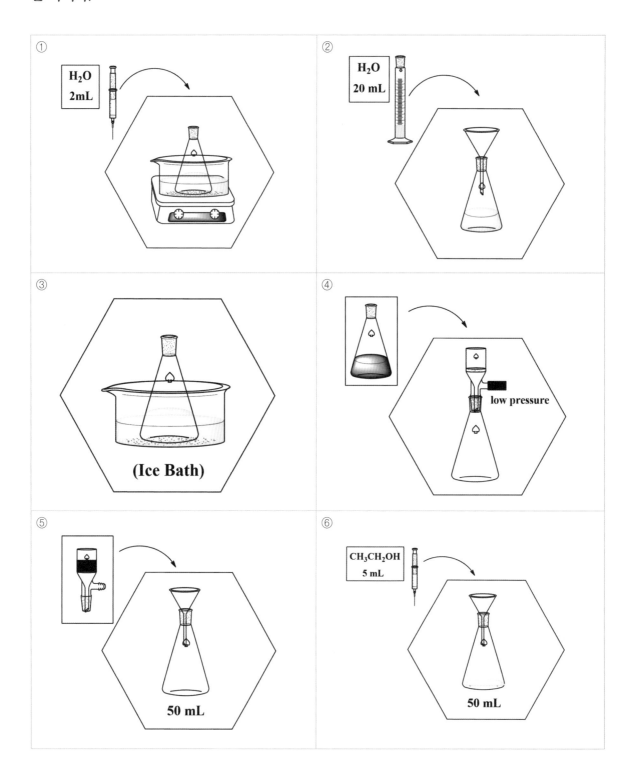

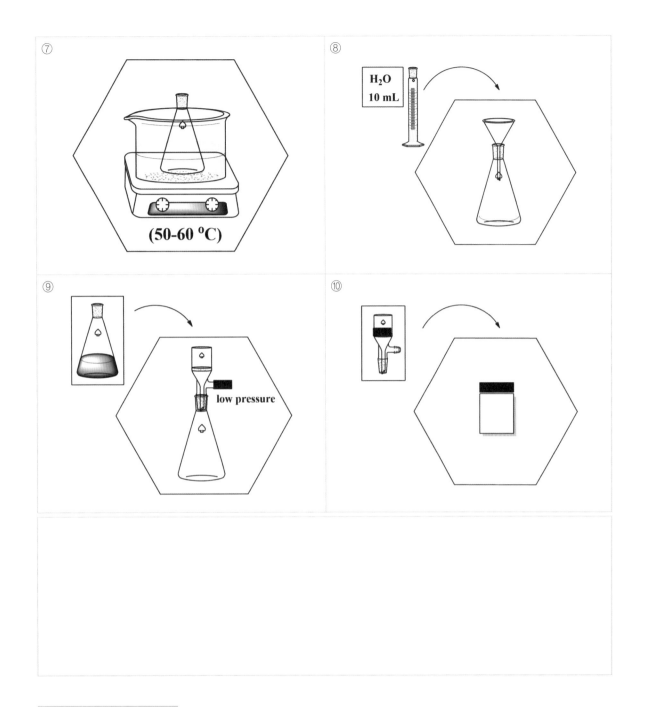

Drug Synthesis1.5 **활동.** 히미 오! 실험 활동에 필요한 **실험 기구를 적어라.**

활동. 히미 오! **1.0g 생성물**을 얻을 수 있는 실험을 설계하여 수행하고 실험을 통해 얻은 자료를 적어라. 그리고 생성물의 구조를 확인하고 수득율을 계산해라.

개념정리. 히미 오! 이번 활동을 통해 **알게 된 것을 적어라.**

Dye Synthesis1 **활동목표.** 히미 오! **색(color)**을 나타내는 **염료(dye) 물질**은 일상 생활에서 많이 사용되고 있어. 색을 나타내는 염료 물질은 **전이금속 이온(transition metal ion)**을 포함하는 **무기 화합물(inorganic compound)**이 대표적이야! 히미 오! 많은 **보석**들이 이런 전이금속 이온을 포함하고 있다는 것 알아? **색**을 나타내는 **탄소화합물**도 있어! 대표적인 물질에는 **지시약(indicator)**과 인간의 혈액에서 산소를 이동시키는 역할을 하는 **헴(heme)**이나 식물의 광합성에서 중요한 역할을 하는 **엽록소**에 **금속화된 포피린 화합물(metalloporphyrin compound)**이 있어! 히미 오! 지시약으로 사용할 수 있는 염료 물질인 메틸오렌지(methyl orange)를 설파닐산(sulfanilic acid)과 N,N-다이메틸아닐린(N,N-dimethylaniline)으로부터 합성해 보자.

Dye Synthesis1 **상황.** 다음 분자모형은 **염료** 물질인 **메틸오렌지 합성**과 관련된 화합물의 구조를 보여 주고 있어. 구조를 보고 **구성 원자수와 결합수를 나타내어라.**

	구조	구성 원자 및 수	결합수 (단일결합, 이중결합, 삼중결합)
설파닐산 sulfanilic acid		**탄소**:___ **수소**:___ **산소**:___ **질소**:___ **황**:___	탄소 -수소결합:___ , 단일결합:___ 탄소-탄소결합:___ , 단일결합:___ , 이중결합:___ 탄소-질소결합:___ , 단일결합:___ 탄소-황결합:___ , 단일결합:___ 질소-수소결합:___ , 단일결합:___ 황-산소결합:___ , 단일결합:___ , 이중결합:___
N,N-다이 -메틸- 아닐린 *N,N-* dimethylaniline		**탄소**:___ **수소**:___	탄소-수소결합:___ , 단일결합:___ 탄소-탄소결합:___ , 단일결합:___ , 이중결합:___ 탄소-질소결합:___ , 단일결합:___
메틸- 오렌지 methyl orange		**탄소**:___ **수소**:___ **산소**:___ **질소**:___ **황**:___	탄소-수소결합:___ , 단일결합:___ 탄소-탄소결합:___ , 단일결합:___ , 이중결합:___ 탄소-질소결합:___ , 단일결합:___ 탄소-황결합:___ , 단일결합:___ 질소-질소결합:___ , 이중결합:___ 황-산소결합:___ , 단일결합:___ , 이중결합:___

Dye Synthesis1.1 **활동.** 히미 오! **염료(dye)** 물질인 **메틸오렌지(methyl orange)**를 합성할 때, 중간 생성물로 **다이아조늄 염(diazonium salt)**을 먼저 합성해. 이 물질은 구조를 확인하지 않고, 바로 다음 반응물과 반응해서 생성물인 메틸오렌지를 합성해. 다음 모식도는 다이아조늄 염을 만들기 위한 **반응 혼합물**을 만드는 과정을 보여 주고 있어. 히미 오! 모식도를 보고 **반응 혼합물(reaction mixture)**을 만드는 과정을 설명해라. 그리고 반응 혼합물이 **균일 혼합물**인지 **불균일 혼합물**인지 예측하고 그렇게 생각하는 **이유**를 적어라.

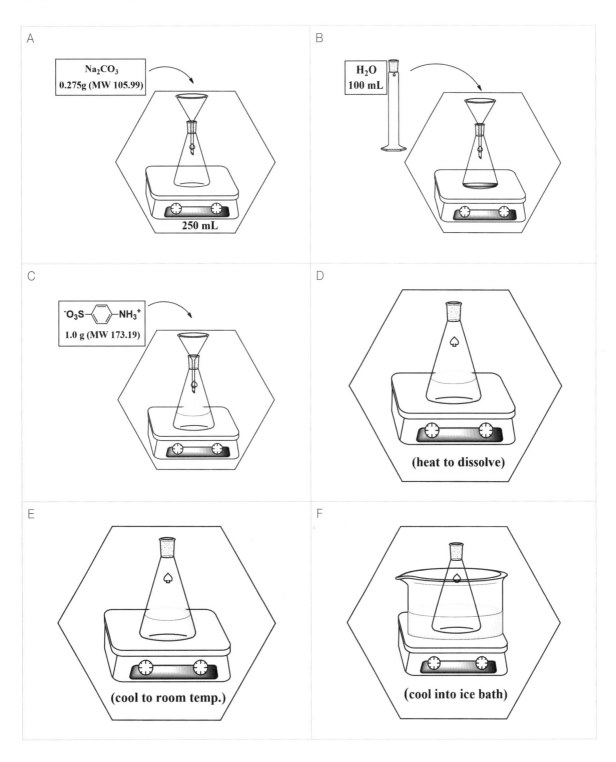

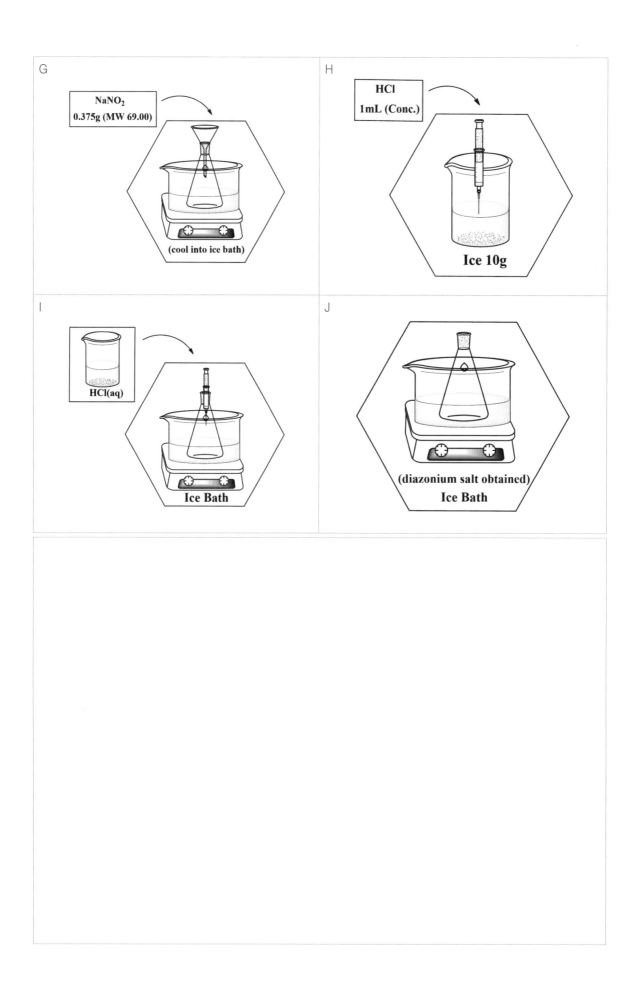

Dye Synthesis1.2 **활동.** 히미 오! 메틸오렌지(methyl orange)를 합성할 때, 중간생성물로 얻어진 **다이아조늄 염(diazonium salt)** 용액과 **N,N-다이메틸아닐린(N,N-dimethylaniline)**을 아세트산 용액에 첨가하여 생성물인 메틸오렌지를 합성한대! 다음 모식도는 **메틸오렌지 합성**과정을 보여주고 있어. 히미 오! 모식도를 보고 **반응 혼합물(reaction mixture)**을 만드는 과정을 설명해라. 그리고 반응 혼합물이 **균일 혼합물**인지 **불균일 혼합물**인지 **예측**하고 그렇게 생각하는 **이유**를 적어라.

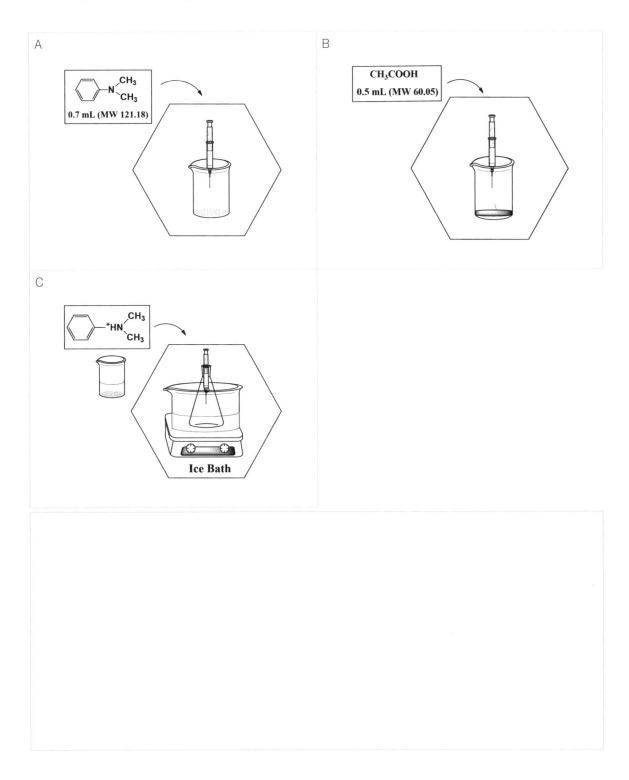

활동. 히미 오! **메틸오렌지(methyl orange)를 합성**할 때, 반응 혼합물을 **10~15분** 동안 **얼음물(ice bath) 조건**에서 반응을 보낸대. 얼음물에서 반응을 보내는 이유를 적어라. 그리고 **반응이 완결되었는지를 어떻게 알 수 있는지 설명해라.**

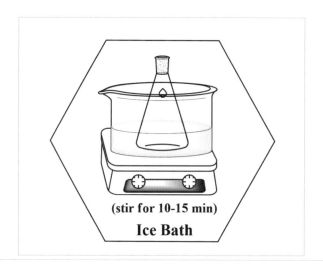

(stir for 10-15 min)
Ice Bath

활동. 히미 오! 이제 반응이 **완료**된 후, 반응 혼합물에서 순수한 생성물인 **메틸오렌지(methyl orange)를 분리**해야 해! 이런 과정을 **워크업(work-up)**이라 해! 이 과정에서 **재**

결정(recrystallization), 추출(extraction), 크로마토그래피(chromatography), 또는 증류(distillation) 방법을 적절히 사용해. 히미 오! 이 **4가지 기술**을 배워야 해! 히미 오! 어떻게 **순수한 메틸오렌지**를 얻을 수 있을까?

다음 모식도는 순수한 메틸오렌지를 얻는 방법을 보여 주고 있어 히미 오! **이 과정에서 어떤 방법을 사용해서 순수한 메틸오렌지를 얻는지 설명해라.** 그리고 그 방법이 사용된 **이유**를 적어라.

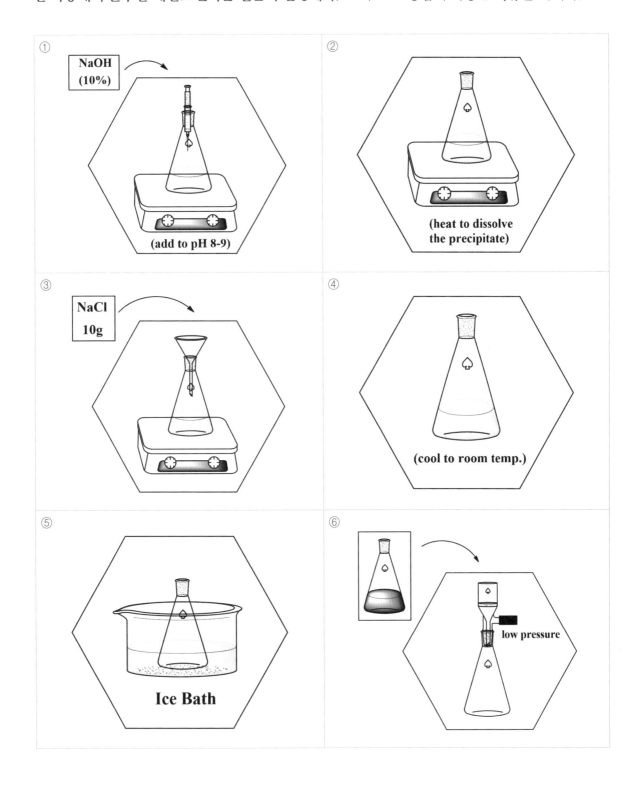

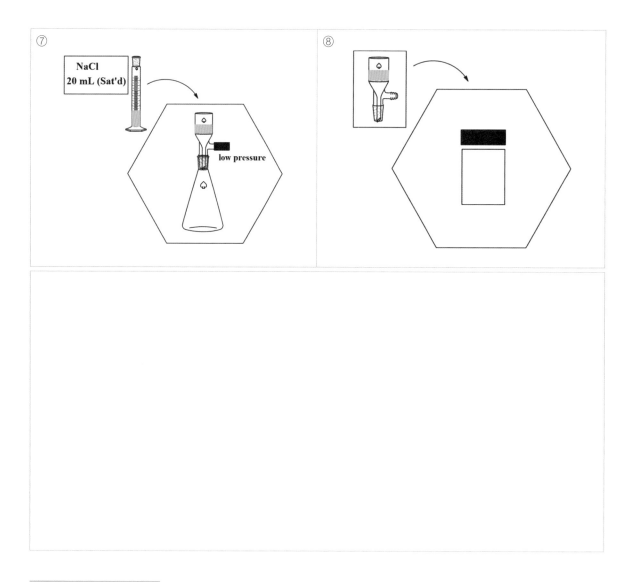

Dye Synthesis 1.5 **활동.** 히미 오! 실험 활동에 필요한 **실험 기구를 적어라.**

Dye Synthesis1.6 **활동**. 히미 오! 1.0g 생성물을 얻을 수 있는 실험을 설계하여 수행하고 **실험을 통해 얻은 자료를 적어라. 그리고 생성물의 구조를 확인하고 수득율을 계산해라.**

Dye Synthesis1 **개념정리**. 히미 오! 이번 활동을 통해 **알게 된 것을 적어라.**

Dye Synthesis2.
메틸오렌지II 합성

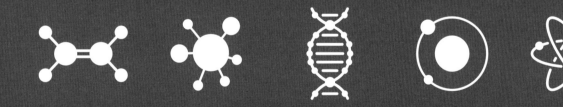

활동목표. 히미 오! **색(color)**을 나타내는 **염료(dye) 물질**은 일상 생활에서 많이 사용되고 있어. 색을 나타내는 염료 물질은 **전이금속 이온(transition metal ion)**을 포함하는 **무기 화합물(inorganic compound)**이 대표적이야! 히미 오! 많은 **보석**들이 이런 전이금속 이온을 포함하고 있다는 것 알아? **색**을 나타내는 **탄소화합물**도 있어! 대표적인 물질에는 **지시약(indicator)**과 인간의 혈액에서 산소를 이동시키는 역할을 하는 **헴(heme)**이나 식물의 광합성에서 중요한 역할을 하는 **엽록소에 금속화된 포피린 화합물(metalloporphyrin compound)**이 있어! 히미 오! 지시약으로 사용할 수 있는 염료 물질인 메틸오렌지II(methyl orange II)를 설파닐산(sulfanilic acid)과 2-나프톨(2-naphthol)로부터 합성해 보자.

상황. 다음 분자모형은 **염료(dye)** 물질인 **메틸오렌지II(methyl orange II)** 합성과 관련된 물질의 구조를 보여 주고 있어. 구조를 보고 **구성 원자수와 결합수를 나타내어라.**

	구조	구성 원자 및 수	결합수 (단일결합, 이중결합, 삼중결합)
설파닐산 sulfanilic acid		탄소:___ 수소:___ 산소:___ 질소:___ 황:___	탄소-수소결합:___, 단일결합:___ 탄소-탄소결합:___, 단일결합:___, 이중결합:___ 탄소-질소결합:___, 단일결합:___ 탄소-황결합:___, 단일결합:___ 질소-수소결합:___, 단일결합:___ 황-산소결합:___, 단일결합:___, 이중결합:___
2-나프톨 2-naphthol		탄소:___ 수소:___	탄소-수소결합:___, 단일결합:___ 탄소-탄소결합:___, 단일결합:___, 이중결합:___ 탄소-질소결합:___, 단일결합:___
메틸-오렌지II methyl orange II		탄소:___ 수소:___ 산소:___ 질소:___ 황:___	탄소-수소결합:___, 단일결합:___ 탄소-탄소결합:___, 단일결합:___, 이중결합:___ 탄소-질소결합:___, 단일결합:___ 탄소-황결합:___, 단일결합:___ 질소-질소결합:___, 이중결합:___ 황-산소결합:___, 단일결합:___, 이중결합:___

활동. 히미 오! **메틸오렌지II(methyl orange II)**를 합성할 때, 중간생성물로 **다이아조늄 염(diazonium salt)**을 먼저 합성해. 이 물질은 구조를 확인하지 않고, 바로 다음 반

응물과 반응을 통해 생성물인 **메틸오렌지II**를 합성해. 다음 모식도는 **다이아조늄 염**을 만들기 위한 반응 혼합물(reaction mixture)을 만드는 과정을 보여 주고 있어. 히미 오! 그림을 보고 **반응 혼합물을 만드는 과정을 설명해라.**

그리고 반응 혼합물이 **균일 혼합물**인지, **불균일 혼합물**인지 예측해라. 그리고 그렇게 생각하는 이유를 적어라.

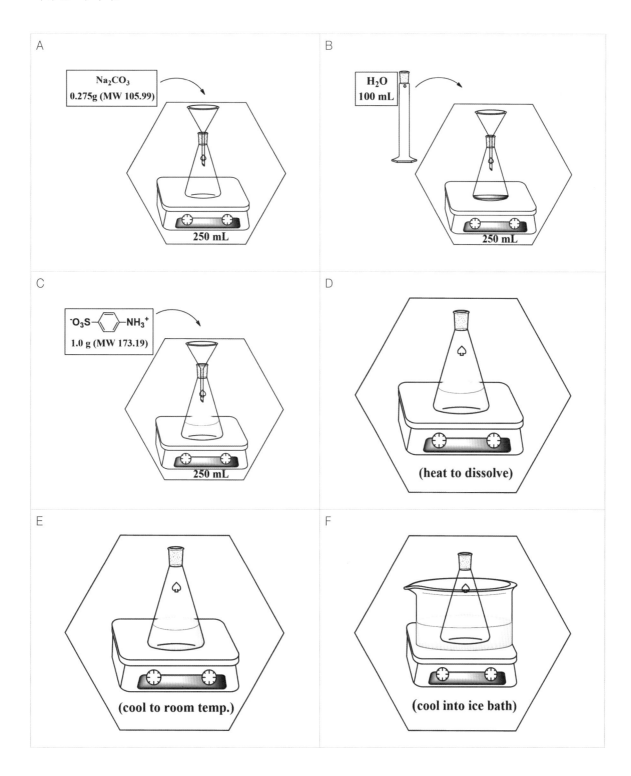

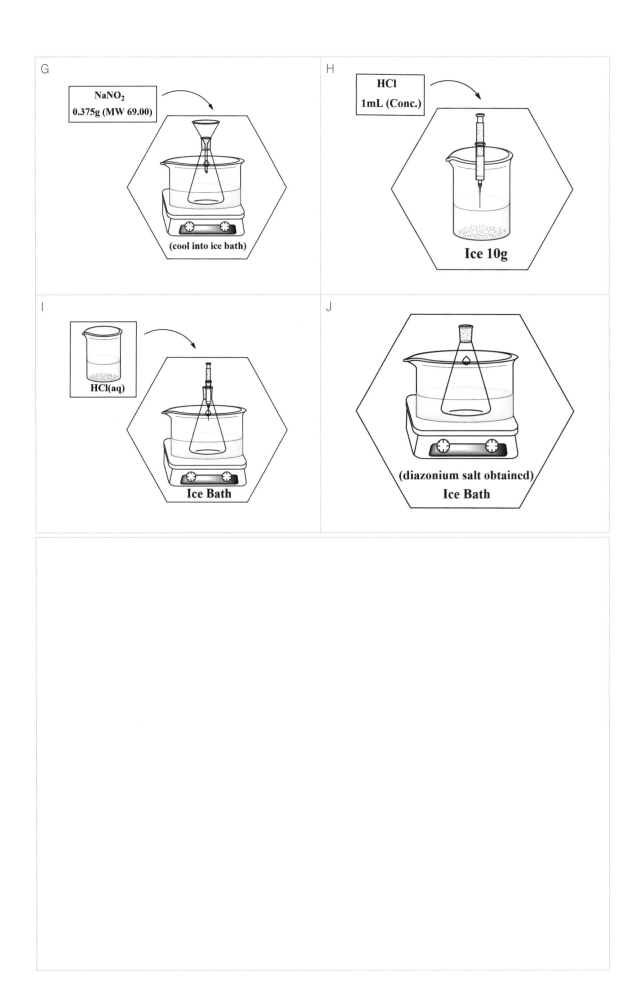

Dye Synthesis2.2 **활동.** 히미 오! 메틸오렌지II(methyl orange II)를 **합성**할 때, 중간생성물로 얻어진 **다이아조늄 염(diazonium salt)**용액과 **2-나프톨(2-naphthol)**을 소듐 하이드록사이드(sodium hydroxide) 용액에 첨가하여 생성물인 **메틸오렌지II**를 합성해. 다음 모식도는 메틸오렌지II 합성과정을 보여 주고 있어. 히미 오! 모식도를 보고 반응 혼합물을 만드는 과정을 설명해라. 그리고 반응 혼합물이 **균일 혼합물**인지, **불균일 혼합물**인지 예측해라. 그리고 그렇게 생각하는 **이유**를 적어라.

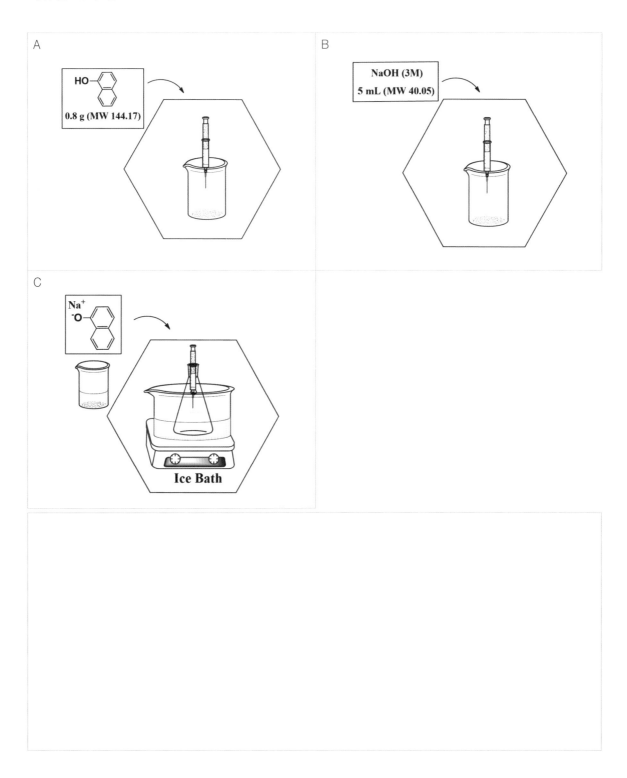

활동. 히미 오! **메틸오렌지II(methyl orange II)**를 **합성**할 때, 반응 혼합물 (reaction mixture)을 얼음물(ice bath) 조건에서 **10~15분** 동안 반응을 보내. 그리고 추가로 가열 한대! 히미 오! **반응이 완결되었는지를 어떻게 알 수 있는지 설명해라.**

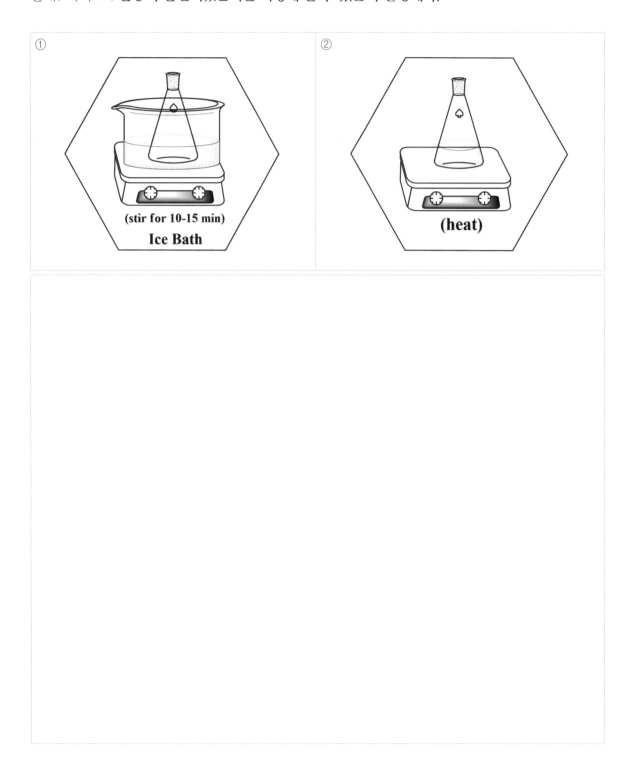

① (stir for 10-15 min) Ice Bath

② (heat)

활동. 히미 오! 이제 반응이 **완료**된 후, **반응 혼합물에서 순수한 생성물인 메 틸오렌지II**를 **분리**해야 해! 이 과정을 **워크업(work-up)**이라 해. 이 과정에서 **재결정(recrystallization),**

추출(extraction), 크로마토그래피(chromatography), 또는 **증류(distillation)** 방법을 적절히 사용해. 반응 실험에서 이 **4가지 기술**을 배우도록 해! 히미 오! **어떻게 하면 순수한 메틸오렌지II를 얻을 수 있을까?** 다음 모식도는 순수한 **메틸오렌지II**를 얻는 방법을 보여 주고 있어. 이 과정에서 **어떤 방법**을 사용해서 순수한 **메틸오렌지II를 얻는지 설명해라.** 그리고 그 방법이 사용된 **이유**를 적어라.

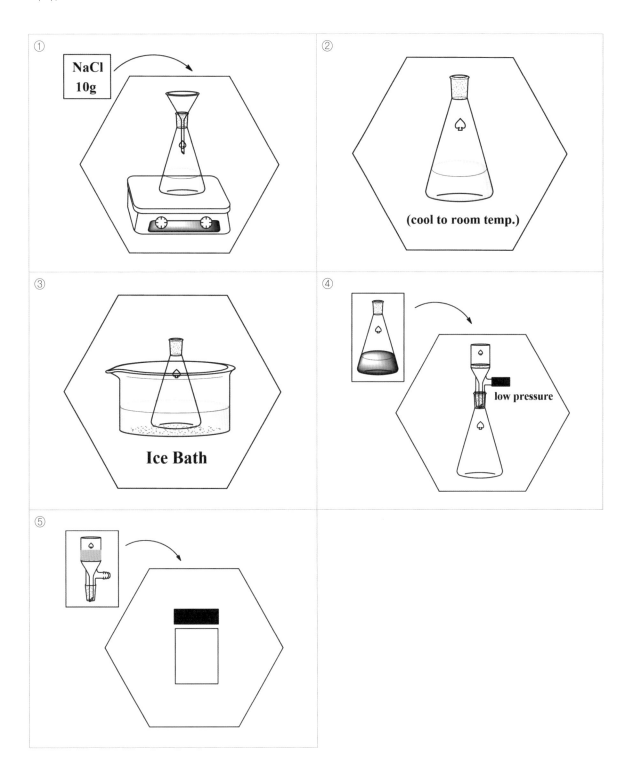

Dye Synthesis2.5 **활동.** 히미 오! 실험 활동에 필요한 **실험 기구를 적어라.**

Dye Synthesis2.6 **활동.** 히미 오! 1.0g 생성물을 얻을 수 있는 실험을 설계하여 수행하고 **실험을 통해 얻은 자료를 적어라.** 그리고 생성물의 구조를 확인하고 수득율을 계산해라.

Dye Synthesis2.7 **개념정리.** 히미 오! 이번 활동을 통해 **알게 된 것을 적어라.**

Ester Synthesis1.

메틸벤조에이트 합성

Ester Synthesis1 **활동목표.** 히미 오! 탄소화합물 중에 **향(favor)**을 내는 물질이 있어. **과일과 꽃의 맛과 향**을 내는 물질에는 **에스터 화합물(ester compound)**이 있어! 에스터 화합물은 **촉매** 조건에서 **카복실산(carboxylic acid)**과 **알코올(alcohol) 화합물**을 이용하여 합성을 할 수 있대! 그리고 **카복실산 유도체(carboxylic acid derivatives)**와 **알코올 화합물**을 사용해서 합성할 수도 있을 것 같아! 대표적인 **에스터** 화합물에는 **용매(solvent)**로 사용되는 에틸 아세테이트(ethyl acetate)이 있어! 에틸 아세테이트는 **아세트산(acetic acid)**과 **에탄올(ethanol)**로부터 합성할 수 있겠네! 에스터 화합물은 **구조**에 따라서 **다양한 향**을 낸대! 그중에서 **향긋한 향이** 나는 **메틸 벤조에이트** **(methyl benzoate)**는 반응물인 **벤조산(benzoic acid)**과 **메탄올(methanol)**이 반응하여 물(H_2O) 분자가 하나 빠지면서 결합한 **에스터 화합물의 구조**를 가져. 반응물과 생성물은 다른 향을 내겠지! 즉 생성물이 만들어지면 새로운 향이 날 것 같지 않아? 히미 오! 벤조산(benzoic acid)과 메탄올 (methanol)로부터 메틸 벤조에이트(methyl benzoate)를 합성해 보자.

Ester Synthesis1 **상황.** 다음 분자모형은 **메틸 벤조에이트(methyl benzoate)** 합성과 관련된 물질의 구조를 보여 주고 있어. 구조를 보고 **구성 원자수와 결합수를 나타내어라.**

	구조	구성 원자 및 수	결합수 (단일결합, 이중결합, 삼중결합)
벤조산 benzoic acid		탄소:___ 수소:___ 산소:___	탄소-수소결합:___, 단일결합:___ 탄소-탄소결합:___, 단일결합:___, 이중결합:___ 산소-수소결합:___, 단일결합:___
메탄올 methanol		탄소:___ 수소:___ 산소:___	탄소-수소결합:___, 단일결합:___ 탄소-산소결합:___, 단일결합:___ 산소-수소결합:___, 단일결합:___
메틸- 벤조에이트 methyl benzoate		탄소:___ 수소:___ 산소:___	탄소-수소결합:___, 단일결합:___ 탄소-탄소결합:___, 단일결합:___, 이중결합:___ 탄소-산소결합:___, 단일결합:___, 이중결합:___

활동. 히미 오! 다음 모식도는 **메틸 벤조에이트(methyl benzoate)**를 만들기 위한 반응 혼합물(reaction mixture)을 만드는 과정을 보여 주고 있어. 히미 오 **어떤 순서로 반응 혼합물을 만들지 설명해라.** 그리고 그 **이유**를 적어라. 그리고 **반응 혼합물**이 **균일 혼합물**인지, **불균일 혼합물**인지 **예측**하고 그렇게 생각하는 **이유**를 적어라.

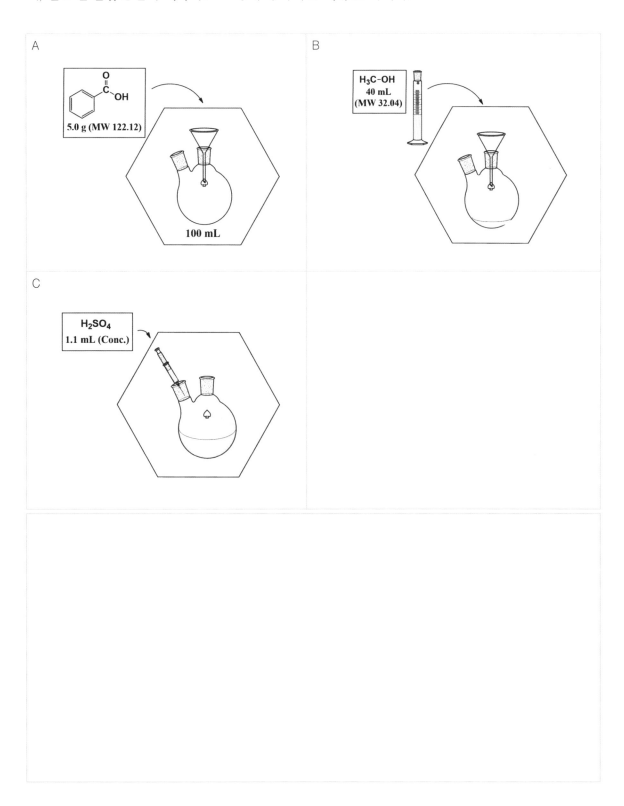

활동. 히미 오! **메틸 벤조에이트**(methyl benzoate)를 합성할 때, 다음 그림과 같이 **환류**(reflux) 반응을 보낸대. 환류할 때 반응 혼합물의 **온도**가 변하지 않는다네! 그 **이유**가 뭘까? 그리고 히미 오! **반응이 완결되었는지를 어떻게 알 수 있는지 설명해라.**

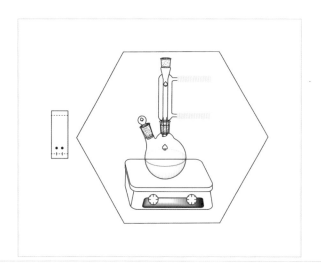

활동. 히미 오! 첫 번째 **얇은 층 크로마토그래피**(thin layer chromatography)는 **에틸 아세테이트**(ethyl acetate): **헥세인**(hexane) **= 1 : 4의 조건**에서 얻어질 것으로 **예상**되는 반응물(**벤조산**(benzoic acid))과 생성물(**메틸벤조에이트**(methyl benzoate))의 **결과**를 보여 주고 있어. 어떤 것이 반응물이고 생성물일지 **예측**하고 그 이유를 적어라. **반응 중간**에 예측되는 결과와 **반응이 완료된 후**에 예측되는 얇은 층 크로마토그래피 결과를 그려라.

(반응물/생성물)　　　　　　(반응 중간)　　　　　　(반응 완료 후)

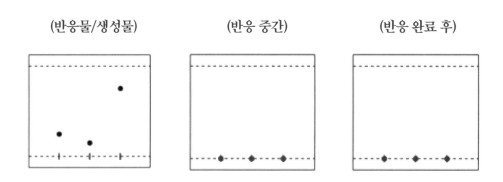

Ester Synthesis1.4 활동. 히미 오! 반응이 **완료**된 후, 반응 혼합물에서 **순수한 생성물**인 **메틸 벤조에이트**(methyl benzoate)를 **분리**해야 해! 이런 과정을 **워크업**(work-up)이라 한대! 이 과정에서 일반적으로 **재결정**(recrystallization), **추출**(extraction), **크로마토그래피**(chromatography), 또는 **증류**(distillation) **방법**을 적절히 선택하여 사용해! 히미 오! 이 **4가지 기술**을 배워야 해! **어떻게 하면 순수한 메틸 벤조에이트를 얻을 수 있을까?** 다음 모식도는 순수한 **메틸 벤조에이트**(methyl benzoate)를 얻는 방법을 보여 주고 있어! **이 과정에서 어떤 방법을 사용해서 순수한 메틸 벤조에이트**(methyl benzoate)**를 얻는지 설명해라.** 그리고 그 방법이 사용된 **이유**를 적어라.

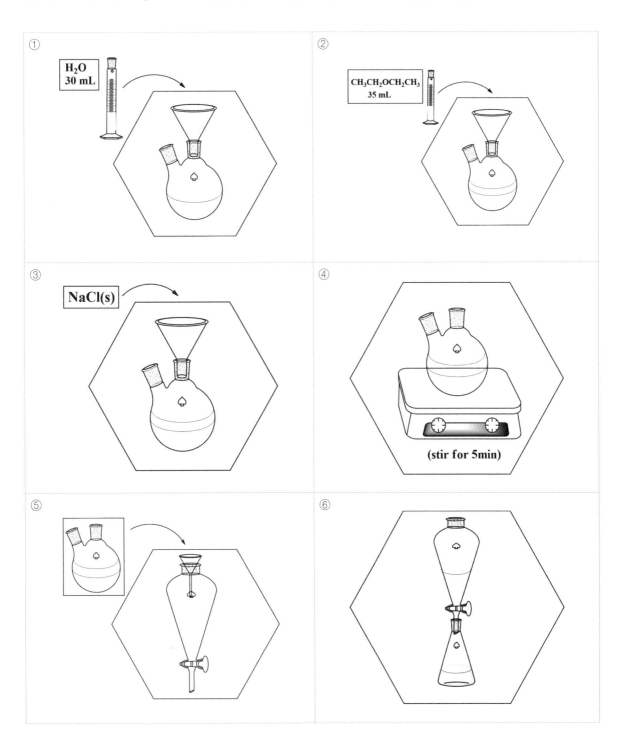

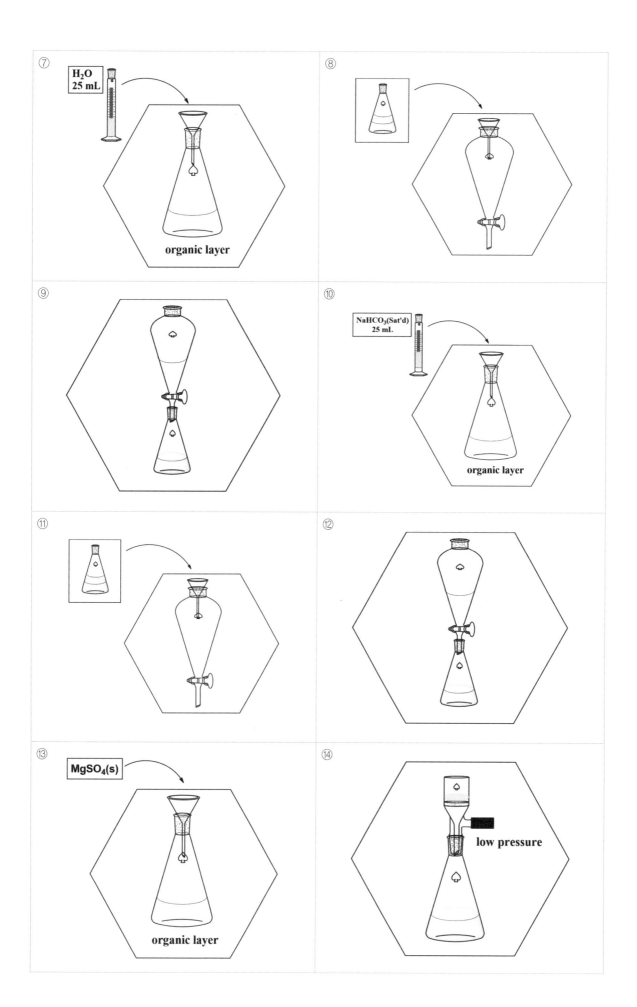

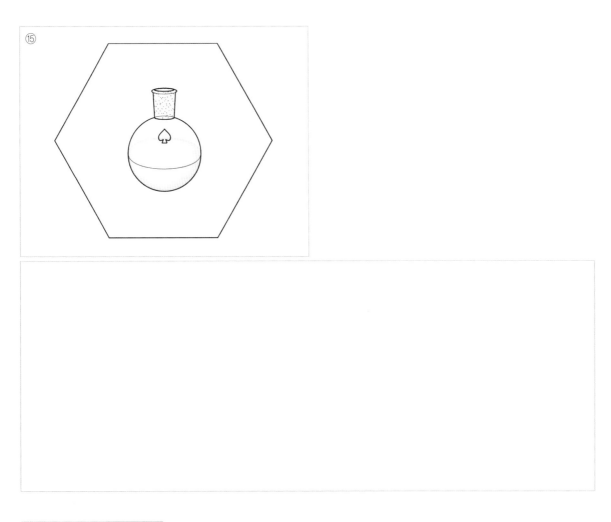

Ester Synthesis1.5 **활동.** 히미 오! 실험 활동에 필요한 **실험 기구를 적어라.**

Ester Synthesis1 **개념정리.** 히미 오! 이번 활동을 통해 **알게 된 것을 적어라.**

탄소화합물의 산화 반응

활동목표. 히미 오! **탄소화합물**은 무기화합물에 비해 불안정해! 그래서 보관이나 다룰 때 조심해야 해! 탄소화합물로 이루어진 **의약품**이나 **식품**을 잘못 보관하면 변질돼! 생명이 살아가는 데 꼭 필요한 **산소(O_2)**가 탄소화합물에 영향을 줄 수 있어! 탄소화합물에 **산소 원자가 하나씩 첨가되면 작용기가 변해!** **에테인(ethane)**에 **산소 원자** 하나가 **탄소 원자와 수소 원자 사이에 결합**하면 **에탄올(ethanol)**이 돼! 에탄올에 **산소가 추가로 첨가**되면 탄소 원자와 산소 원자의 **단일결합(single bond)**이 **이중결합(double bond)**으로 바뀌면서 아세트 알데하이드 **화합물(aldehyde compound)**이 돼! 아세트 알데하이드(acetaldehyde) 화합물에 산소 원자가 추가되면 아세트 알데하이드의 **카보닐 탄소 원자에 산소 원자가 단일결합**으로 추가되어 **아세트산(acetic acid)**이 만들어져! 히미 오 **에테인(ethane)**에 **산소 원자가 추가**되어 **아세트산**이 되는 과정을 **산화(oxidation)과정**이라 해! 히미 오! 알케인 화합물(alkane compound)이 단계적으로 산화되면서 만들어지는 화합물의 구조를 알아보자.

Oxidation Reaction1 **상황.** 다음 분자모형은 **에테인(ethane)**이 **산화(oxidation)**되어 만들어지는 **탄소화합물**의 구조를 보여 주고 있어. 구조를 보고 **구성 원자수와 결합수를 나타내어라!**

	구조	구성 원자 및 수	결합수 (단일결합, 이중결합, 삼중결합)
에테인 ethane		탄소:___ 수소:___	탄소-수소결합:___, 단일결합:___ 탄소-탄소결합:___, 단일결합:___
에탄올 ethanol		탄소:___ 수소:___ 산소:___	탄소-수소결합:___, 단일결합:___ 탄소-탄소결합:___, 단일결합:___ 탄소-산소결합:___, 단일결합:___ 산소-수소결합:___, 단일결합:___
아세트- 알데하이드 acetaldehyde		탄소:___ 수소:___ 산소:___	탄소-수소결합:___, 단일결합:___ 탄소-탄소결합:___, 단일결합:___ 탄소-산소결합:___, 이중결합:___
아세트산 acetic acid		탄소:___ 수소:___ 산소:___	탄소-수소결합:___, 단일결합:___ 탄소-탄소결합:___, 단일결합:___ 탄소-산소결합:___, 단일결합:___, 이중결합:___ 산소-수소결합:___, 단일결합:___

Oxidation Reaction1.1 **활동**. 히미 오! 다음 모식도와 같이 **에테인(ethane)**이 **산소(O_2) 분자**와 반응하면 이산화탄소(CO_2)와 물(H_2O) 분자가 만들어진대. **반응이 어떤 과정으로 일어날지 설명해라.**

$$2\ CH_3CH_3\ +\ 7\ O_2\ \longrightarrow\ 4\ CO_2\ +\ 6\ H_2O$$

Oxidation Reaction1.2 **활동**. 히미 오! **생명체**는 **포도당(glucose)**을 **분해**에서 **에너지**를 얻어! 다음 모식도를 이용해서 이때 **일어나는 반응**을 설명해라. 그리고 **에테인(ethane)의 산화 반응**과 **비교**해라.

$$+\ 6\ O_2\ \longrightarrow\ 6\ CO_2\ +\ 6\ H_2O$$

활동. 히미 오! **에탄올**(ethanol)을 어떻게 **합성**할 수 있을까? 포도당(glucose)을 **적당히 산화**(oxidation)시키면 만들 수 있지 않을까? 실생활에서 **탄수화물**(carohydrate)를 효모를 이용해 **발효**를 하면 **술**을 만들 수 있지! 그리고 **에틸렌**(ethylene) 분자를 **수화**(hydration)하면 합성 **에탄올**을 만들 수 있어! 즉 술과 **합성 에탄올**을 합성할 수 있는거지! 이 두 물질은 같은 **물질**일까? 다음 **모식도**는 **술과 합성 에탄올의 합성**을 보여 주고 있어! 히미 오! 모식도를 참고해서 **에탄올**을 만드는 **방법을 설명해라.**

글루코스 + O_2 $\longrightarrow$ $2\ H_3C{-}C({=}O){-}C({=}O){-}OH$ + $2\ H_2O$

$2\ H_3C{-}C({=}O){-}C({=}O){-}OH$ $\longrightarrow$ $2\ H_3C{-}C({=}O){-}H$ + $2\ CO_2$

$2\ H_3C{-}C({=}O){-}H$ + $2\ H_2O$ $\longrightarrow$ $2\ H_3C{-}CH_2{-}OH$ + O_2

$$CH_2=CH_2 + H_2O \rightleftharpoons CH_3-CH_2-OH$$

Oxidation Reaction1.4 **활동.** 히미 오! **산화 반응**(oxidation reaction)은 **산소 원자가 첨가되**면서 일어나지! 그런데 에탄올(ethanol)이 아세트 알데하이드(acetaldehyde)가 될 때에는 산화 반응이 일어났지만, **산소 원자수가 변하지 않았어!** **왜** 그런지 설명해라.

활동. 히미 오! **산화 반응**(oxidation reaction)은 산-염기 반응(acid-base reaction)과 같이 **환원 반응**(reduction reaction)과 짝지어서 일어나! 그래서 산화 반응이 일어날 때에는 환원 반응이 같이 일어나! 히미 오! **산화-환원 반응**을 **전자를 잃거나 전자를 얻는 과정**으로 설명해라.

개념정리. 히미 오! 이번 활동을 통해 **알게 된 것을 적어라.**

알코올의 산화 반응1
(사이클로헥사논의 합성)

Oxidation Reaction2 활동목표. 히미 오! **에탄올(ethanol)**은 **산화 반응(oxidation)**을 통해 **아세트 알데하이드(acetaldehyde)가** 되거나 더 산화가 되어 **아세트산(acetic acid)**이 될 수 있어! 그럼 어떤 경우에 **케톤(ketone)**이 만들어질까? **알코올(alcohol)**은 탄소 원자에 **하이드록실(hydroxyl, -OH) 기**가 붙어 있는데, 하이드록실기가 단일결합으로 연결된 **탄소 원자**에 결합한 **알킬기(alkyl group)**의 수에 따라 **1차 알코올(primary alcohol), 2차 알코올(secondary alcohol),** 그리고 **3차 알코올(tertiary alcohol)**로 분류할 수 있어! 2차 알코올을 산화하면 케톤(ketone)이 만들어진대! 히미 오! 사이클로헥산올(cyclohexanol)을 산화(oxidation)하여 사이클로헥사논(cyclohexanone)을 합성해 보자.

Oxidation Reaction2 **상황.** 다음 분자모형은 **사이클로헥산올(cyclohexanol)**을 **산화(oxidation)**하여 **사이클로**헥사논(cyclohexanone)의 **합성**과 관련된 물질의 구조를 보여 주고 있어. 구조를 보고 **구성 원자수와 결합수를 나타내어라.**

	구조	구성 원자 및 수	결합수 (단일결합, 이중결합, 삼중결합)
사이클로- 헥산올 cyclo- hexanol		탄소:___ 수소:___ 산소:___	탄소-수소결합:___, 단일결합:___ 탄소-탄소결합:___, 단일결합:___ 탄소-산소결합:___, 단일결합:___ 산소-수소결합:___, 단일결합:___
사이클로- 헥사논 cyclo- hexanone		탄소:___ 수소:___ 산소:___	탄소-수소결합:___, 단일결합:___ 탄소-탄소결합:___, 단일결합:___ 탄소-산소결합:___, 이중결합:___

Oxidation Reaction2.1 **활동.** 히미 오! **사이클로헥산올(cyclohexanol)**을 **중크롬산나트륨(sodium dichromate)**을 이용하여 **산 조건**에서 **산화**하면 **사이클로헥사논(cyclohexanone)**이 만들어져! 히미 오! **사이클로헥산올**과 **사이클로헥사논 구조의 차이점을 적어라.**

활동. 히미 오! 다음 모식도는 **사이클로헥산올**(cyclohexanol)을 **산화**하여 **사이클로**헥사논(cyclohexanone)을 만들기 위한 **반응 혼합물**(reaction mixture)을 만드는 과정을 보여 주고 있어. 히미 오 **어떤 순서로 반응 혼합물을 만들지 설명해라.** 그리고 그 **이유를 적어라.** 반응 혼합물이 **균일 혼합물**일지 **불균일 혼합물**일지 **예측**해라.

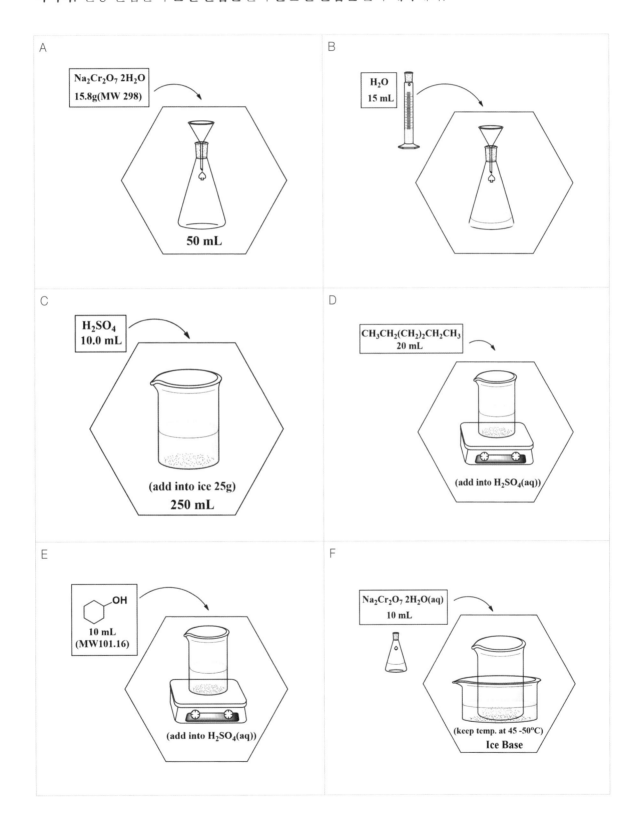

`Oxidation Reaction2.3` **활동.** 히미 오! **사이클로헥사논(cyclohexanone)**을 **합성**할 때, 다음 그림과 얼음물(ice bath) 조건에서 반응 온도를 **40~50도**로 유지하면서 반응을 보낸대. 히미 오! **반응이 완결되었는지를 어떻게 알 수 있는지 설명해라.**

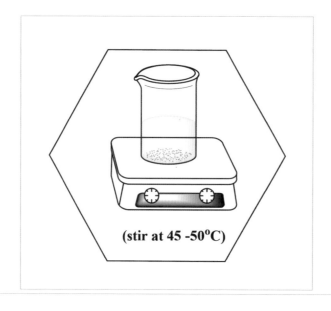

(stir at 45 -50°C)

`Oxidation Reaction2.4` **활동.** 히미 오! 첫 번째 **얇은 층 크로마토그래피(thin layer chromatography)**는 **에틸 아세테이트(ethyl acetate): 헥세인(hexane) = 1 : 4의 조건에서** 얻어질 것으로 **예상되는 반응물(사이클로헥산올(cyclohexanol))과 생성물(사이클로헥사논(cyclohexanone))의 결과를 보여 주고 있어. 어떤 것이 반응물이고 생성물일지 예측하고 그 이유를 적어라**(단, **사이클로헥산올(cyclohexanol)**은 **과망가니산나트륨(potassium permanganate)로 처리**해야 관찰이 가능해.). **반응 중간에 예측되는 결과와 반응이 완료된 후에 예측되는 얇은 층 크로마토그래피 결과를 그려라.**

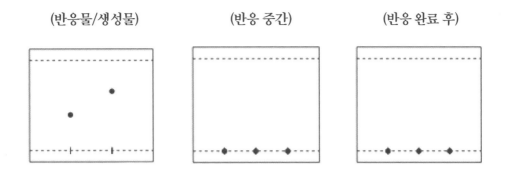

Oxidation Reaction2.5 **활동.** 히미 오! 이제 반응이 **완료**된 후, **반응 혼합물**에서 순수한 생성물인 **사이클로**헥사논(cyclohexanone)을 **분리**해야 해! 이 과정을 **워크업(work-up)**이라 해. 이 과정에서 일반적으로 **재결정(recrystallization), 추출(extraction), 크로마토그래피(chromatography)**, 또는 **증류(distillation) 방법**을 적절히 선택해서 사용해! 히미 오! 이 **4가지 기술**을 배워야 해! **어떻게 하면 순수한 사이클로헥사논을 얻을 수 있을까?** 다음 모식도는 순수한 사이클로헥사논을 얻는 방법을 보여 주고 있어. 이 과정에서 **어떤 방법**을 사용해서 순수한 사이클로헥사논을 얻는지 설명해라. 그리고 그 방법이 사용된 **이유**를 적어라.

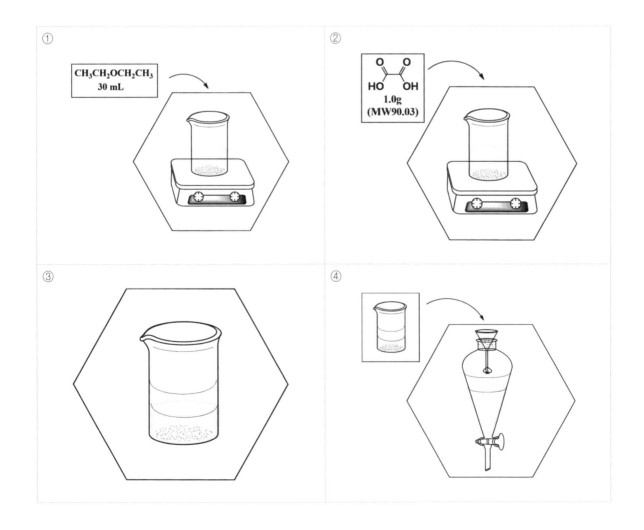

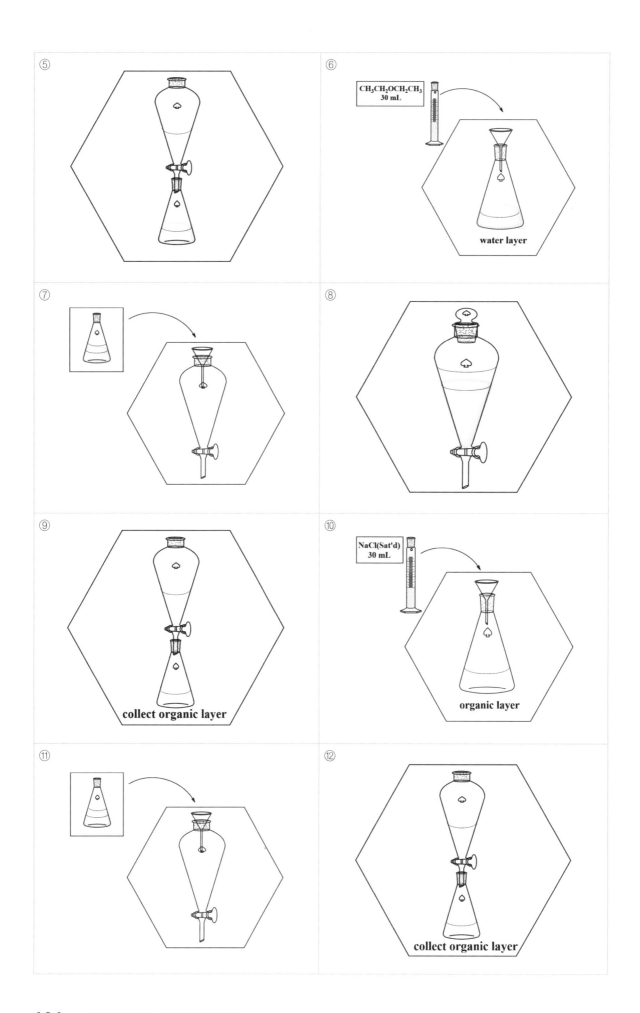

⑤

⑥ CH₃CH₂OCH₂CH₃ 30 mL

water layer

⑦

⑧

⑨ collect organic layer

⑩ NaCl(Sat'd) 30 mL

organic layer

⑪

⑫ collect organic layer

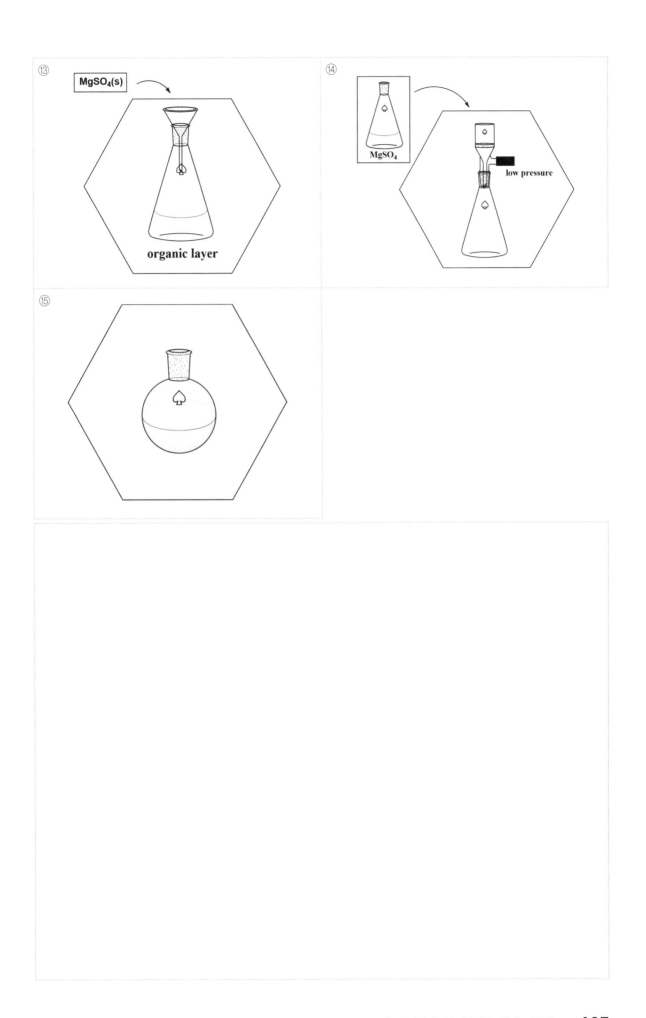

Oxidation Reaction2.6. **활동.** 히미 오! 실험 활동에 필요한 **실험 기구를 적어라.**

Oxidation Reaction2.7 **활동.** 히미 오! **1.0g 생성물**을 얻을 수 있는 실험을 설계하여 수행하고 **실험을 통해 얻은 자료를 적어라. 그리고 생성물의 구조를 확인하고 수득율을 계산해라.**

Oxidation Reaction2 **개념정리.** 히미 오! 이번 활동을 통해 **알게 된 것을 적어라.**

알코올의 산화 반응2
(벤즈알데하이드의 합성)

Oxidation Reaction3 **활동목표.** 히미 오! **벤질 알코올**(benzyl alcohol)은 **산화 반응**(oxidation reaction)을 통해 **벤즈알데하이드**(benzaldehyde)가 되거나 더 산화가 되어 **벤조산**(benzoic acid)이 될 수 있어! **알코올**(alcohol)은 **탄소 원자**에 **하이드록실**(hydroxyl, -OH)**기**가 붙어 있는데, 하이드록실기가 단일결합으로 연결된 **탄소 원자**에 결합한 **알킬기**(alkyl group)**의** 수에 따라 **1차 알코올**(primary alcohol), **2차 알코올**(secondary alcohol), 그리고 **3차 알코올**(tertiary alcohol)로 분류할 수 있어! **벤질 알코올**(benzyl alcohol)은 1차 알코올이야! 히미 오! **벤질 알코올**(benzyl alcohol)을 어떤 **산화제**(oxidation reagent)를 사용하면 벤즈알데하이드(benzaldehyde)에서 반응이 멈추게 할 수 있을까? 히미 오! 벤질 알코올(benzyl alcohol)로부터 벤즈알데하이드(benzaldehyde)를 합성해 보자.

Oxidation Reaction3 **상황.** 히미 오! 다음 분자모형은 **벤질 알코올**(benzyl alcohol)로부터 **벤즈알데하이드**(benzaldehyde) 화합물의 합성과 관련된 물질의 구조를 보여 주고 있어. 구조를 보고 **구성 원자 및 수와 결합수를 나타내어라.**

	구조	구성 원자 및 수	결합수 (단일결합, 이중결합, 삼중결합)
벤질 알코올 benzyl alcohol		탄소:___ 수소:___ 산소:___	탄소-수소결합:___, 단일결합:___ 탄소-탄소결합:___, 단일결합:___, 이중결합:___ 탄소-산소결합:___, 단일결합:___ 산소-수소결합:___, 단일결합:___
벤즈알데하이드 benz-aldehyde		탄소:___ 수소:___ 산소:___	탄소-수소결합:___, 단일결합:___ 탄소-탄소결합:___, 단일결합:___, 이중결합:___ 탄소-산소결합:___, 단일결합:___

Oxidation Reaction3.1 **활동.** 히미 오! **벤질 알코올**(benzyl alcohol)과 **벤즈알데하이드**(benzaldehyde)**의** 구조에서 **공통점**과 **차이점**을 적어라.

Oxidation Reaction3.2 **활동.** 히미 오! 다음 모식도는 **벤질 알코올(benzyl alcohol)**을 **산화 (oxidation)**하여 **벤즈알데하이드(benzaldehyde)**를 만들기 위한 **반응 혼합물**을 만드는 과정을 보여 주고 있어. 히미 오! **어떤 순서로 반응 혼합물을 만들지 설명해라.** 그리고 그 **이유를 적어라.** 반응 혼합물이 **균일 혼합물**일지 **불균일 혼합물**일지 **예측**해라.

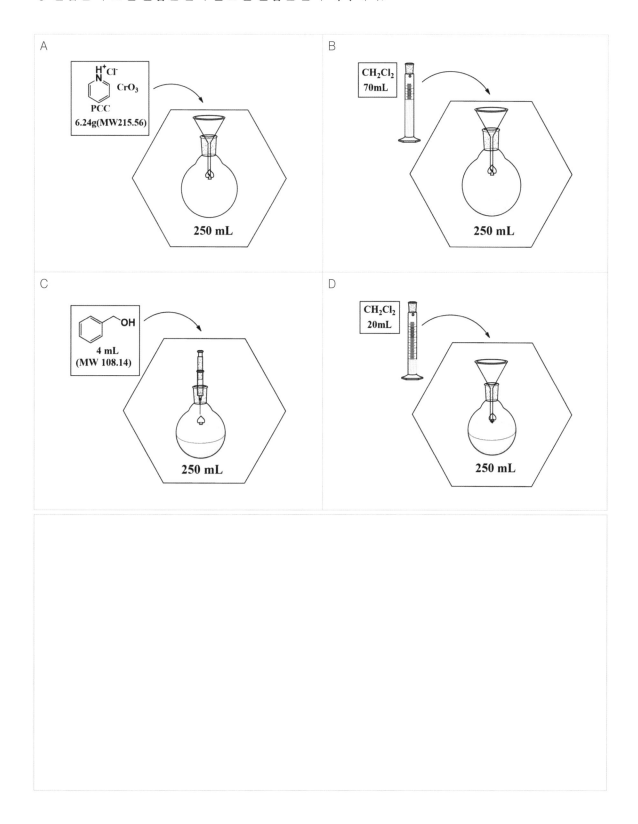

Oxidation Reaction3.3 **활동**. 히미 오! **벤즈알데하이드(benzaldehyde)를** 합성할 때, 다음 그림과 **상온(25도) 조건**에서 반응을 보낸대. 히미 오! **반응이 완결되었는지를 어떻게 알 수 있는지 설명해라.**

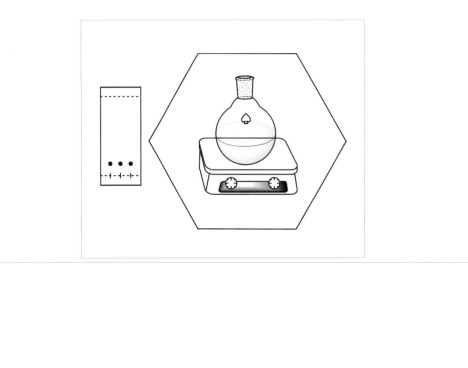

Oxidation Reaction3.4 **활동**. 히미 오! 첫 번째 **얇은 층 크로마토그래피(thin layer chromatography)는** **에틸 아세테이트(ethyl acetate): 헥세인(hexane) = 1 : 2의 조건**에서 얻어질 것으로 **예상되는 반응물(벤질알코올(benzyl alcohol))과** 생성물(**벤즈알데하이드(benzaldehyde))의** 결과를 보여 주고 있어. **어떤 것이 반응물이고 생성물일지 예측하고 그 이유를 적어라.** 반응 중간에 **예측되는 결과와 반응이 완료된 후에 예측되는 얇은 층 크로마토그래피 결과를 그려라.**

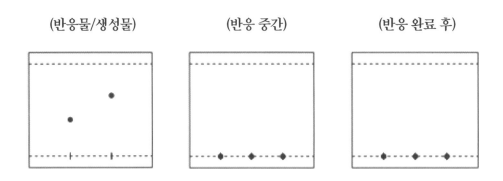

(반응물/생성물) (반응 중간) (반응 완료 후)

Oxidation Reaction3.5 활동. 히미 오! 반응이 완료된 후, 반응 혼합물에서 순수한 생성물인 **벤즈알데하이드(benzaldehyde)를 분리**해야 해! 이 과정을 **워크업(work-up)**이라 해. 이 과정에서 일반적으로 **재결정(recrystallization), 추출(extraction), 크로마토그래피(chromatography),** 또는 **증류(distillation) 방법**을 적절히 선택해서 사용해! 히미 오! 이 **4가지 기술**을 배워야 해! **어떻게 하면 순수한 벤즈알데하이드(benzaldehyde)를 얻을 수 있을까?**

다음 모식도는 순수한 **벤즈알데하이드(benzaldehyde)를** 분리하는 방법을 보여 주고 있어. 이 과정에서 **어떤 방법**을 사용해서 순수한 **벤즈알데하이드(benzaldehyde)를 얻는지 설명해라.** 그리고 그 방법이 사용된 **이유**를 적어라.

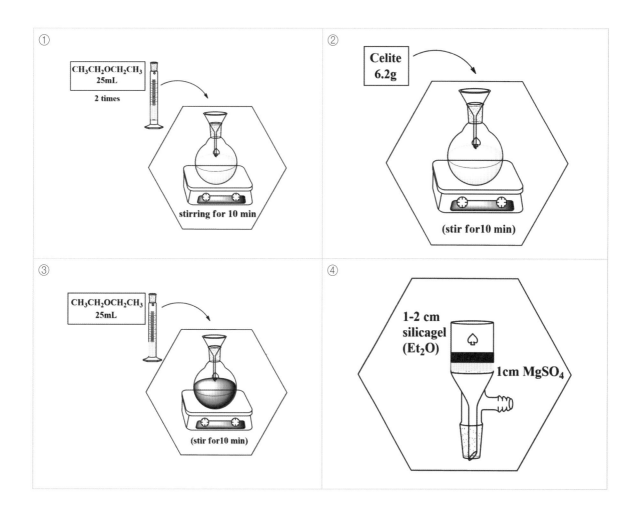

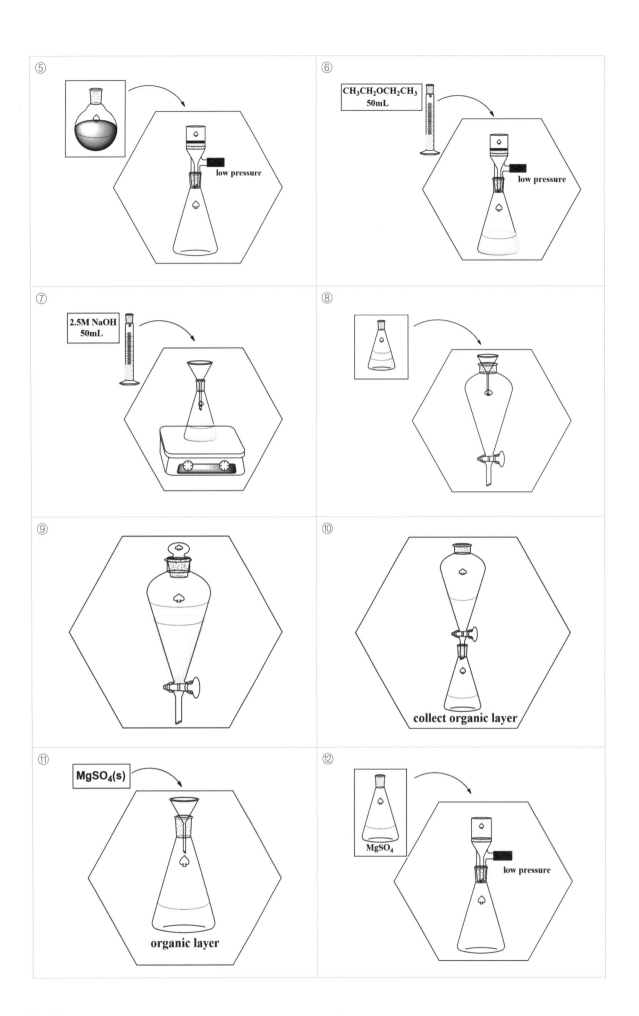

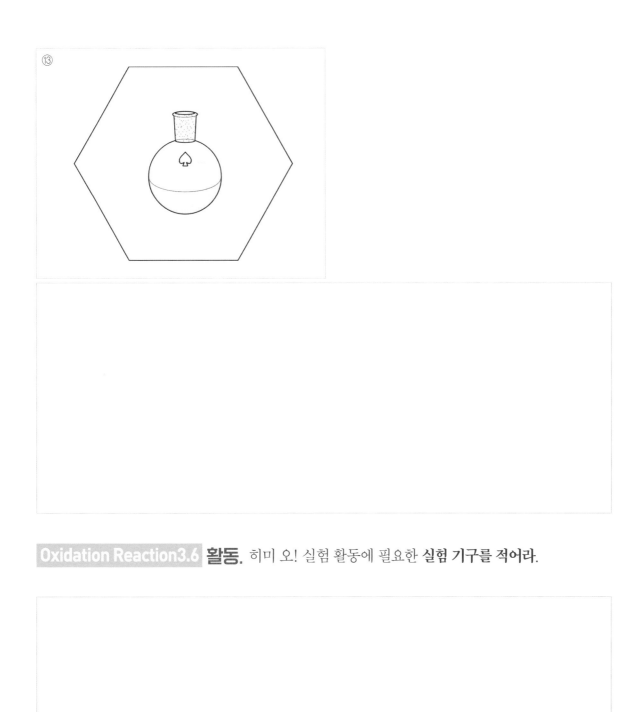

⑬

Oxidation Reaction3.6 **활동.** 히미 오! 실험 활동에 필요한 **실험 기구를 적어라.**

Oxidation Reaction3.7 **활동.** 히미 오! 1.0g 생성물을 얻을 수 있는 실험을 설계하여 수행하고 **실험을 통해 얻은 자료를 적어라.** 그리고 생성물의 구조를 확인하고 수득율을 계산해라.

Oxidation Reaction3 **개념정리.** 히미 오! 이번 활동을 통해 **알게 된 것을 적어라.**

알데하이드의 환원 반응1
(벤질 알코올의 합성)

활동목표. 히미 오! **산화 반응(oxidation reaction)**은 산-염기 반응 (acid-base reaction)과 같이 **환원 반응(reduction reaction)**과 짝지어 일어나! 탄소화합물이 **알케 인 화합물(alkane compound)**이 **산화(oxidation)**되어 **알코올 화합물(alcohol compound)**이 되 고, 알코올 화합물이 산화되면 알데하이드(aldehyde)나 **케톤(ketone) 화합물**이 돼! 케톤 화합물 은 더 산화가 되지 않지만, 알데하이드 화합물은 산화가 되면 **카복실산(carboxylic acid)**이 돼! 반대로 **환원 반응은 어떻게 될까?** 탄소화합물 중에서 카보닐 작용기를 갖는 **카복실산, 알데하 이드** 그리고 **케톤 화합물**은 환원해서 **알코올 화합물**을 만들 수 있어! 히미 오! 벤즈알데하이드 (benzaldehyde)를 환원 반응을 통해 벤질 알코올(benzyl alcohol)을 합성해 보자.

상황. 히미 오! 다음 분자모형은 **벤질알코올** 합성과 관련된 물질의 구 조를 보여 주고 있어! 구조를 보고 **구성 원자수와 결합수를 나타내어라.**

	구조	구성 원자 및 수	결합수 (단일결합, 이중결합, 삼중결합)
벤즈-알데하이드 benz-aldehyde		**탄소**:___ **수소**:___ **산소**:___	탄소-수소결합:___, 단일결합:___ 탄소-탄소결합:___, 단일결합:___, 이중결합:___ 탄소-산소결합:___, 이중결합:___
벤질 알코올 benzyl alcohol		**탄소**:___ **수소**:___ **산소**:___	탄소-수소결합:___, 단일결합:___ 탄소-탄소결합:___, 단일결합:___, 이중결합:___ 탄소-산소결합:___, 단일결합:___ 산소-수소결합:___, 단일결합:___

활동. 히미 오! **벤즈알데하이드와 벤질 알코올**의 구조에서 **공통점** 과 **차이점**을 적어라.

Reduction Reaction1.2 **활동.** 히미 오! 다음 모식도는 **벤즈알데하이드**(benzaldehyde)**를** 환원하여 **벤질 알코올**(benzyl alcohol)**을 만들기 위한 반응 혼합물**(reaction mixture)**을 만드는 과** 정을 보여 주고 있어. 히미 오 어떤 순서로 **반응 혼합물**을 만들지 **설명**해라. 그리고 그 **이유를 적 어라. 반응 혼합물**이 **균일 혼합물**일지 **불균일 혼합물**일지 **예측**해라.

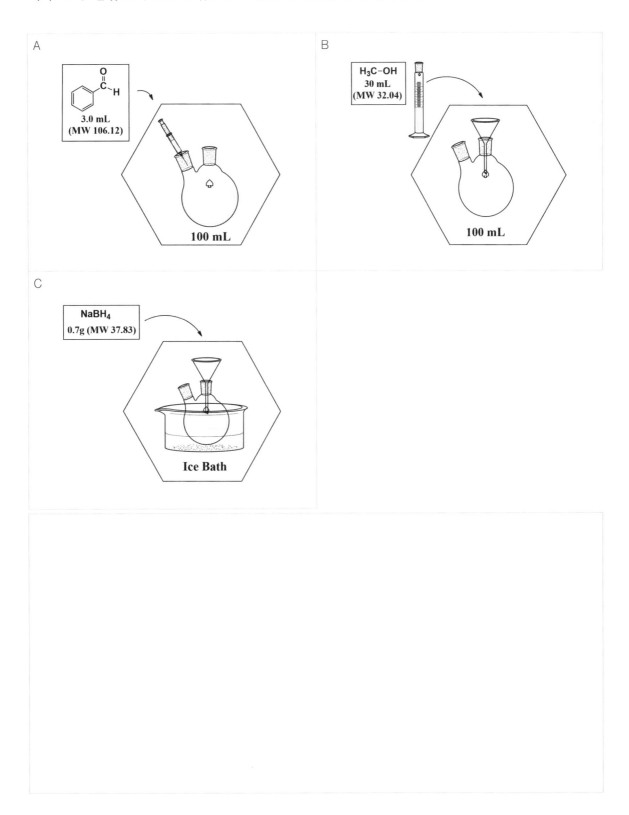

활동. 히미 오! **벤질 알코올(benzyl alcohol)**을 합성할 때, 다음 그림과 **얼음물(ice bath) 조건**에서 반응을 보낸대. 히미 오! **반응이 완결되었는지를 어떻게 알 수 있는지 설명해라.**

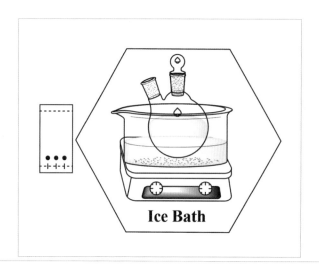

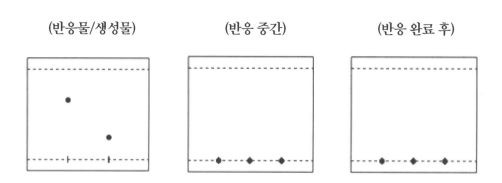

Reduction Reaction1.4 **활동.** 히미 오! 첫 번째 **얇은 층 크로마토그래피(thin layer chromato graphy)**는 **에틸 아세테이트(ethyl acetate): 헥세인(hexane) = 1 : 2의 조건**에서 얻어질 것으로 **예상되는 반응물(벤즈알데하이드(benzaldehyde))와 생성물(벤질알코올(benzyl alcohol))의 결과를 보여 주고 있어. 어떤 것이 반응물이고 생성물일지 예측하고 그 이유를 적어라. 반응 중간**에 예측되는 결과와 **반응이 완료된 후**에 예측 되는 얇은 층 크로마토그래피 결과를 그려라.

Reduction Reaction1.5 활동. 히미 오! 이제 **반응이 완료된 후**, 반응 혼합물에서 순수한 생성물인 **벤질 알코올(benzyl alcohol)을 분리**해야 해! 이 과정을 **워크업(work-up)**이라 해. 이 과정에서 일반적으로 **재결정(recrystallization)**, **추출(extraction)**, **크로마토그래피(chromatography)**, 또는 **증류(distillation) 방법**을 적절히 선택해서 사용해! 히미 오! 이 **4가지 기술**을 배워야 해! **어떻게 하면 순수한 벤질 알코올(benzyl alcohol)을 얻을 수 있을까?** 다음 모식도는 순수한 **벤질 알코올(benzyl alcohol)**을 얻는 방법을 보여 주고 있어. 이 과정에서 **어떤 방법을 사용해서 순수한 벤질 알코올(benzyl alcohol)을 얻는지 설명해라.** 그리고 그 방법이 사용된 **이유**를 적어라.

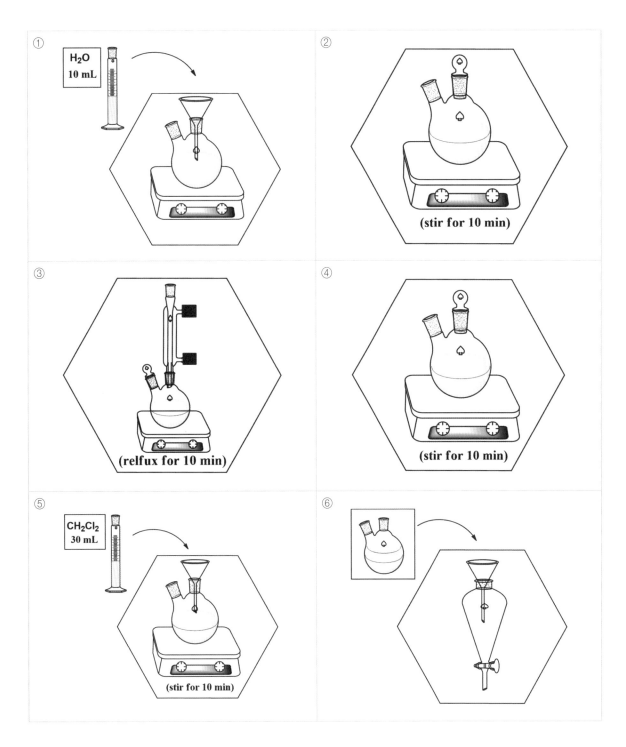

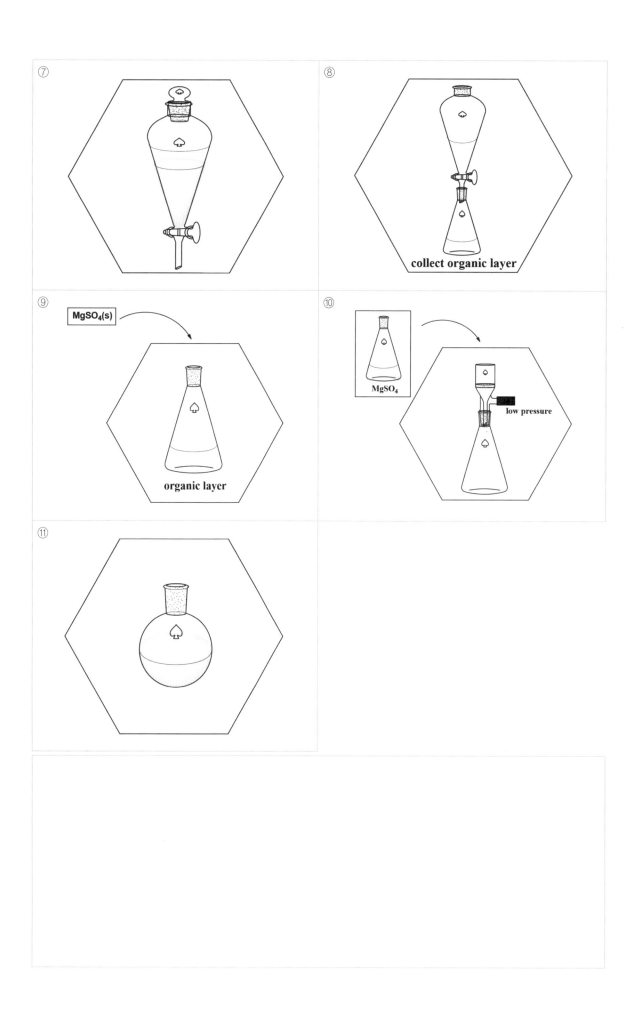

Reduction Reaction1.6 **활동.** 히미 오! 실험 활동에 필요한 **실험 기구를 적어라.**

Reduction Reaction1.7 **활동.** 히미 오! **1.0g 생성물**을 얻을 수 있는 실험을 설계하여 수행하고 **실험을 통해 얻은 자료를 적어라.** 그리고 **생성물의 구조를 확인하고 수득율을 계산해라.**

Reduction Reaction1 **개념정리.** 히미 오! 이번 활동을 통해 **알게 된 것을 적어라.**

나이트로 벤젠 화합물 환원 반응1 (아닐린의 합성)

활동목표. 히미 오! **산화 반응(oxidation reaction)**은 산-염기 반응 (acid-base reaction)과 같이 **환원 반응(reduction reaction)**과 짝지어 일어나! 탄소화합물 중에 서 카보닐(carbonyl) 작용기를 갖는 **카복실산(caboxyli acid), 알데하이드(aldehyde)** 그리고 **케 톤(ketone) 화합물**은 환원해서 **알코올(alcohol) 화합물**을 만들 수 있어! **금속**들은 쉽게 **산화되기** 때문에 **환원제(reducing agent)**로 사용할 수 있어! 대표적인 금속으로 **아연**이나 **주석**이 사용되 고 있어! **나이트로 화합물(nitro compound)**은 질소 원자에 산소 원자가 2개 붙은 **나이트로(nitro, -NO$_2$)기**의 작용기를 갖는 화합물이야! 나이트로 화합물(nitro compound)은 **환원 반응**을 통해 **질소 원자**에 **수소 원자**가 2개 붙으면 **아민(amine) 화합물**이 얻어진대! 그래서 **아민 화합물**을 **나 이트로 화합물**로부터 합성하는 것이 중요해! 히미 오! 나이트로벤젠(nitrobenzene)의 환원 반응 (reduction reaction)을 통해 아닐린(aniline)을 합성해 보자.

상황. 히미 오! 다음 분자모형은 **아닐린(aniline) 화합물** 합성과 관련 된 물질의 구조를 보여 주고 있어. 구조를 보고 **구성 원자수와 결합수를 나타내어라.**

	구조	구성 원자 및 수	결합수 (단일결합, 이중결합, 삼중결합)
나이트로 -벤젠 nitro- benzene		탄소:___ 수소:___ 산소:___ 질소:___	탄소-수소결합:___, 단일결합:___ 탄소-탄소결합:___, 단일결합:___, 이중결합:___ 탄소-질소결합:___, 단일결합:___ 질소-산소결합:___, 단일결합:___
아닐린 aniline		탄소:___ 수소:___ 질소:___	탄소-수소결합:___, 단일결합:___ 탄소-탄소결합:___, 단일결합:___, 이중결합:___ 탄소-질소결합:___, 단일결합:___ 질소-수소결합:___, 단일결합:___

활동. 히미 오! **나이트로벤젠(nitrobenzene)**과 **아닐린(aniline) 화 합물**의 구조에서 **공통점**과 **차이점**을 적어라.

Reduction Reaction2.2 **활동.** 히미 오! 다음 모식도는 **나이트로벤젠(nitrobenzene)**을 환원하여 **아닐린(aniline) 화합물**을 만들기 위해 반응 혼합물을 만드는 과정을 보여 주고 있어. 히미 오! **어떤 순서로 반응 혼합물을 만들지 설명해라.** 그리고 그 **이유를 적어라.** 반응 혼합물이 **균일 혼합물**일지 **불균일 혼합물**일지 예측해라.

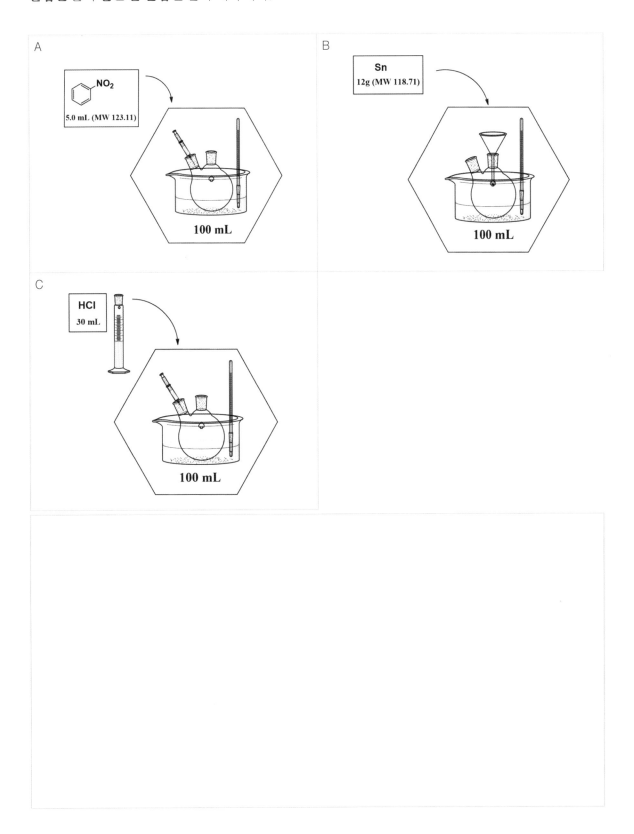

활동. 히미 오! **아닐린(aniline) 화합물**을 합성할 때, 다음 그림과 **상온(25도) 조건**에서 **30분** 동안 반응을 보낸 후 **환류(reflux) 반응**을 보낸대. 히미 오! 히미 오! **반응이 완결되었는지**를 어떻게 알 수 있는지 설명해라.

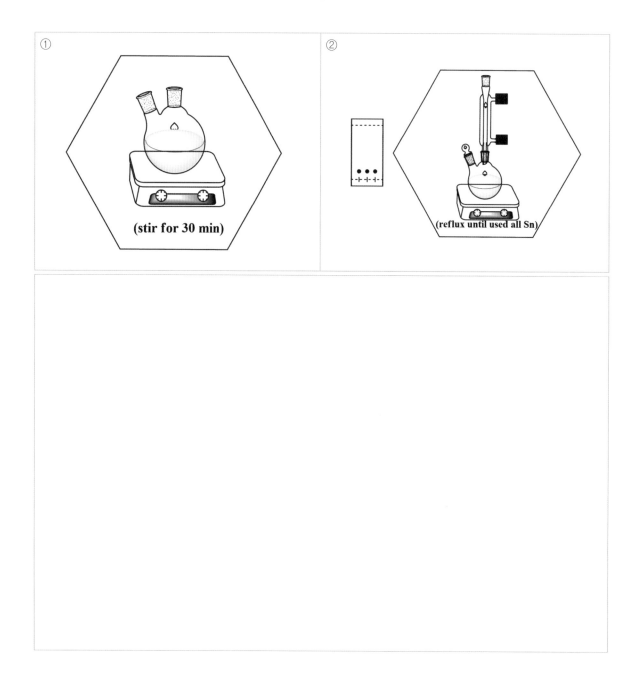

활동. 히미 오! 첫 번째 **얇은 층 크로마토그래피(thin layer chromato graphy)**는 **에틸 아세테이트(ethyl acetate)**: **핵세인(hexane) = 1 : 4의 조건**에서 얻어질 것으로 **예상되**는 반응물(**나이트로벤젠(nitrobenzene)**)과 생성물질(**아닐린(aniline)**)의 결과를 보여 주고 있어. **히미 오! 어떤 것이 반응물이고 생성물일지 예측하고 그 이유를 적어라. 그리고 반응 중간**에 예측되는 결과와 **반응이 완료된 후**에 예측되는 얇은 층 크로마토그래피 결과를 그려라.

Reduction Reaction2.5 **활동.** 히미 오! 이제 **반응이 완료된 후, 반응 혼합물**에서 순수한 생성물인 **아닐린(aniline) 화합물**을 **분리**해야 해! 이 과정을 **워크업(work-up)**이라 해. 이 과정에서 일반적으로 **재결정(recrystallization), 추출(extraction), 크로마토그래피(chromatography), 또는 증류(distillation) 방법**을 적절히 선택해서 사용해! 히미 오! 이 **4가지 기술**을 배워야 해! **어떻게 하면 순수한 아닐린(aniline) 화합물을 얻을 수 있을까?**

다음 모식도는 순수한 **아닐린(aniline) 화합물**을 얻는 방법을 보여 주고 있어. **이 과정에서 어떤 방법을 사용해서 순수한 아닐린(aniline)을 얻는지 설명해라.** 그리고 그 방법이 사용된 **이유**를 적어라.

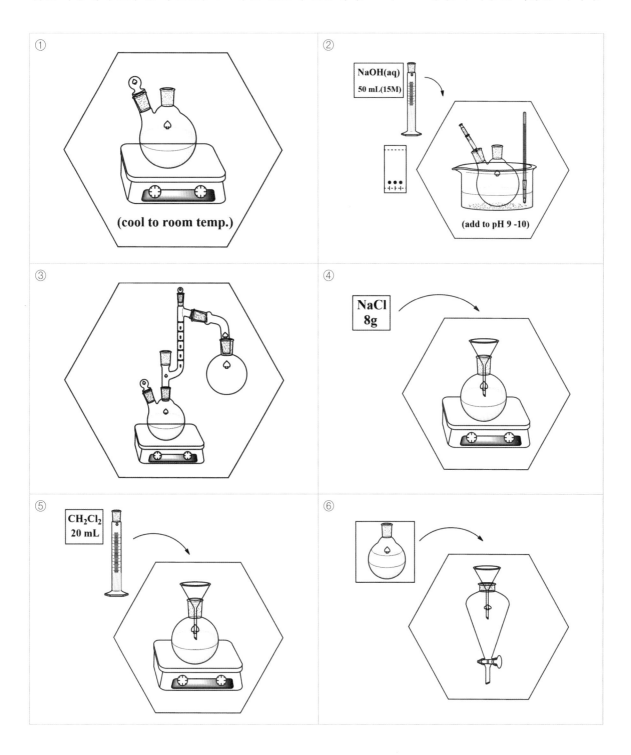

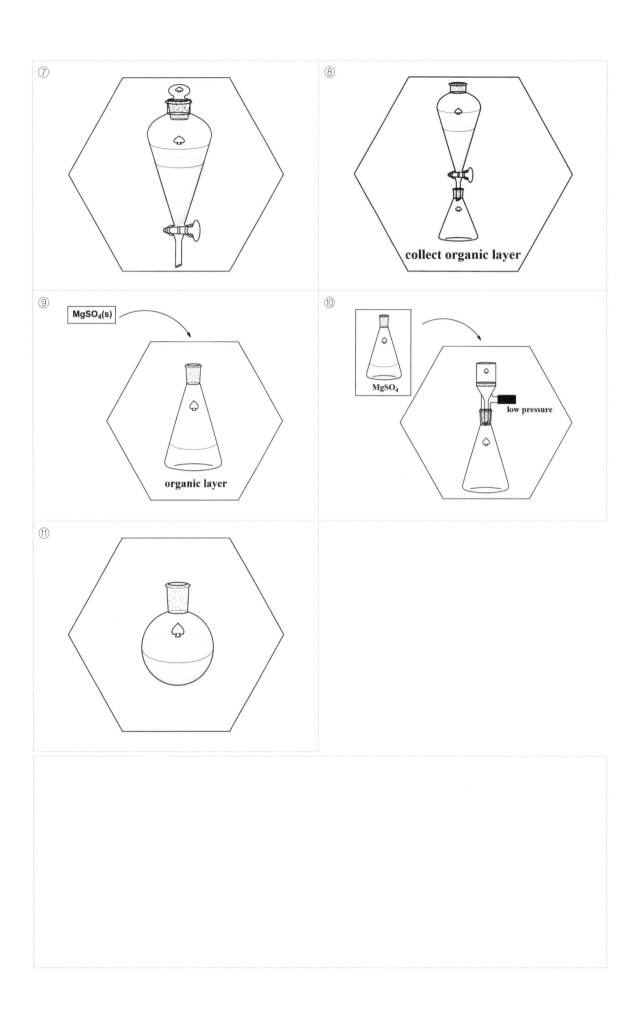

Reduction Reaction2.6 **활동.** 히미 오! 실험 활동에 필요한 **실험 기구를 적어라.**

Reduction Reactin2.7 **활동.** 히미 오! 1.0g 생성물을 얻을 수 있는 실험을 설계하여 수행하고 **실험을 통해 얻은 자료를 적어라. 그리고 생성물의 구조를 확인하고 수득율을 계산해라.**

Reduction Reaction2 **개념정리.** 히미 오! 이번 활동을 통해 **알게 된 것을 적어라.**

아세트 아닐라이드의 합성

활동목표. 히미 오! 생명체에서 **단백질(protein)**은 매우 중요한 역할을 하고 있어! 단백질은 **아민기(-NH₂)**와 **카복실산기(-CO₂H)**를 갖는 **아미노산(amino acid)**으로 구성된 **고분자 물질**이다. 단백질은 **아마이드 결합(amide bond)** 또는 **펩타이드 결합(peptide bond)**으로 불리는 **아마이드기 결합**을 가지고 있어. 탄소화합물 중에서 **아마이드 화합물**이 **아마이드기 결합**을 가지고 있어! 이 화합물은 아민 화합물(amine compound)의 **아민기(-NH₂)**와 카복실산 화합물(carboxylic acid compound)의 **카복실산기(-CO₂H)**가 반응하여 **물(H₂O) 분자**가 빠져나가면서 만들어져! 그리고 또 카복실산 유도체(carboxylic acid derivatives)와 아민 화합물(amine compound)이 반응하여 아마이드 화합물(amide compound)을 만들 수 있어. 히미 오! 아닐린(aniline)과 무수 아세트산(acetic acid anhydride)을 반응하여 아세트아닐리드(acetanilide) 화합물의 합성해 보자.

상황. 히미 오! 다음 분자모형은 **아세트아닐리드(acetanilide)**의 합성과 관련된 물질의 구조를 보여 주고 있어. 구조를 보고 **구성 원자수와 결합수를 나타내어라.**

	구조	구성 원자 및 수	결합수 (단일결합, 이중결합, 삼중결합)
아닐린 aniline		탄소:___ 수소:___ 질소:___	탄소-수소결합:___, 단일결합:___ 탄소-탄소결합:___, 단일결합:___, 이중결합:___ 탄소-질소결합:___, 단일결합:___ 질소-수소결합:___, 단일결합:___
무수 아세트산 acetic acid anhydride		탄소:___ 수소:___ 산소:___	탄소-수소결합:___, 단일결합:___ 탄소-탄소결합:___, 단일결합:___ 탄소-산소결합:___, 단일결합:___, 이중결합:___
아세트-아닐리드 acetanilide		탄소:___ 수소:___ 산소:___ 질소:___	탄소-수소결합:___, 단일결합:___ 탄소-탄소결합:___, 단일결합:___, 이중결합:___ 탄소-산소결합:___, 이중결합:___ 탄소-질소결합:___, 단일결합:___ 질소-수소결합:___, 단일결합:___

활동. 히미 오! **아닐린**과 **아세트 아닐라이드**의 구조에서 **공통점**과 **차이점**을 적어라.

Amide Synthesis1.2 **활동.** 히미 오! 다음 모식도는 **아닐린**과 **무수 아세트산**을 반응하여 **아세트아닐라이드**를 만들기 위한 **반응 혼합물**을 만드는 과정을 보여 주고 있어. **히미 오! 어떤 순서로 반응 혼합물을 만들지 설명해라.** 그리고 그 **이유를 적어라.** 반응 혼합물이 **균일 혼합물**일지 **불균일 혼합물**일지 예측해라.

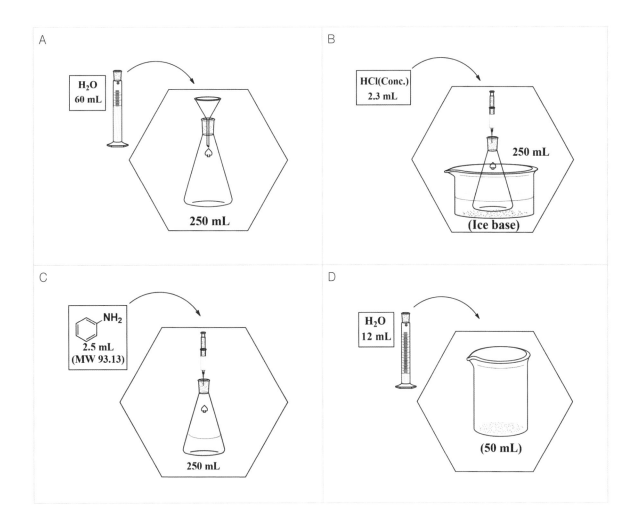

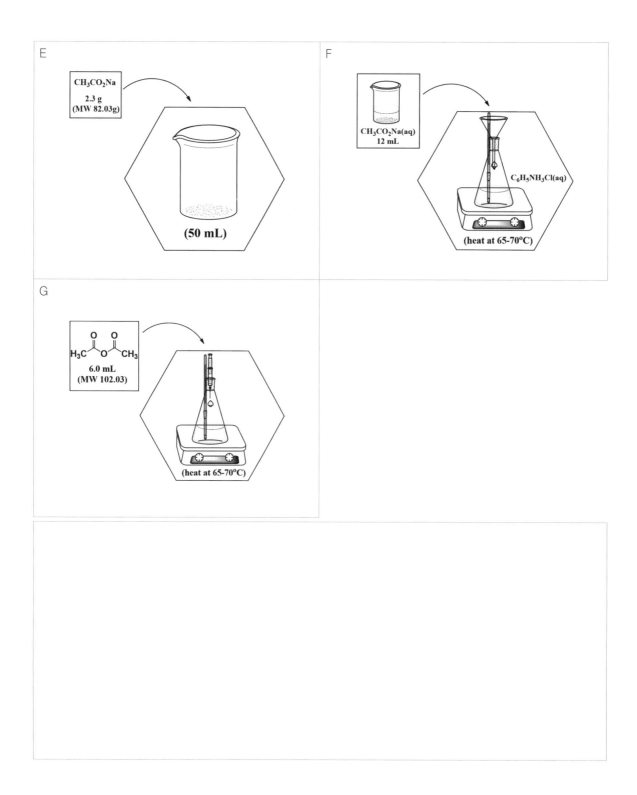

E — CH₃CO₂Na 2.3 g (MW 82.03g) (50 mL)

F — CH₃CO₂Na(aq) 12 mL, C₆H₅NH₃Cl(aq) (heat at 65-70°C)

G — 6.0 mL (MW 102.03) (heat at 65-70°C)

Amide Synthesis1.3 **활동**. 히미 오! **아세트아닐리드(acetanilide)**를 합성할 때, 다음 그림과 65~70도 조건에서 **20분** 동안 반응을 보낸대. 히미 오! **반응이 완결되었는지를 어떻게 할 수 있는지 설명해라.**

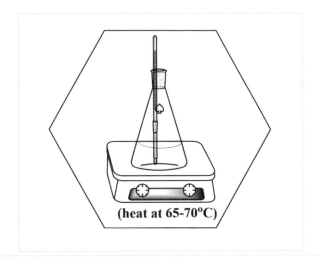

(heat at 65-70°C)

히미 오! 첫 번째 **얇은 층 크로마토그래피**(thin layer chromato graphy)는 **에틸 아세테이트**(ethyl acetate): **헥세인**(hexane) = 1 : 2의 조건에서 얻어질 것으로 예상되는 반응물(**아닐린**(aniline))과 생성물(**아세트아닐리드**(acetanilide)) 결과야. **히미 오! 어떤 것이 반응물이고 생성물일지 예측하고 그 이유를 적어라. 반응 중간에 예측되는 결과와 반응이 완료된 후에 예측 되는 얇은 층 크로마토그래피 결과를 그려라.**

(반응물/생성물)　　　　(반응 중간)　　　　(반응 완료 후)

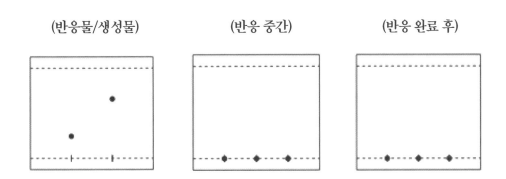

활동. 히미 오! 이제 **반응이 완료된 후**, 반응 혼합물에서 순수한 생성물인 **아세트아닐리드(acetanilide)를 분리**해야 해! 이 과정을 **워크업(work-up)**이라 해. 이 과정에서 일반적으로 **재결정(recrystallization)**, **추출(extraction)**, **크로마토그래피(chromatography)**, 또는 **증류(distillation) 방법**을 적절히 선택해서 사용해! 히미 오! 이 **4가지 기술**을 배워야 해! **어떻게 하면 순수한 아닐린 화합물을 얻을 수 있을까?**

다음 모식도는 순수한 **아세트아닐리드(acetanilide)**를 얻는 방법을 보여 주고 있어. **이 과정에서 어떤 방법을 사용해서 순수한 아세트 아닐라이드를 얻는지 설명해라.** 그리고 그 방법이 사용된 **이유**를 적어라.

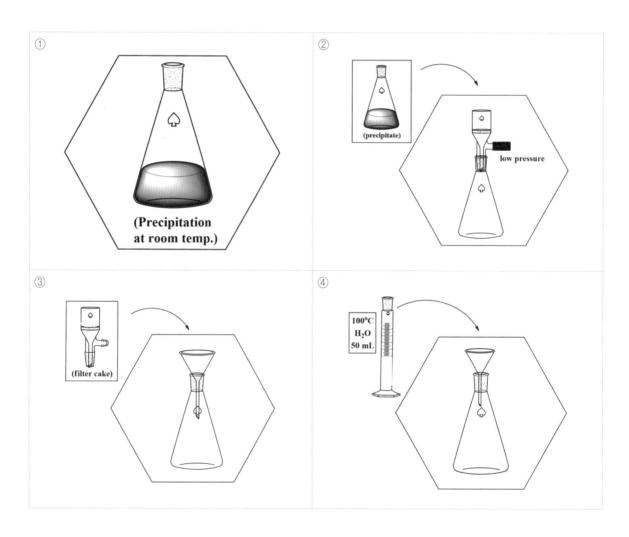

⑤

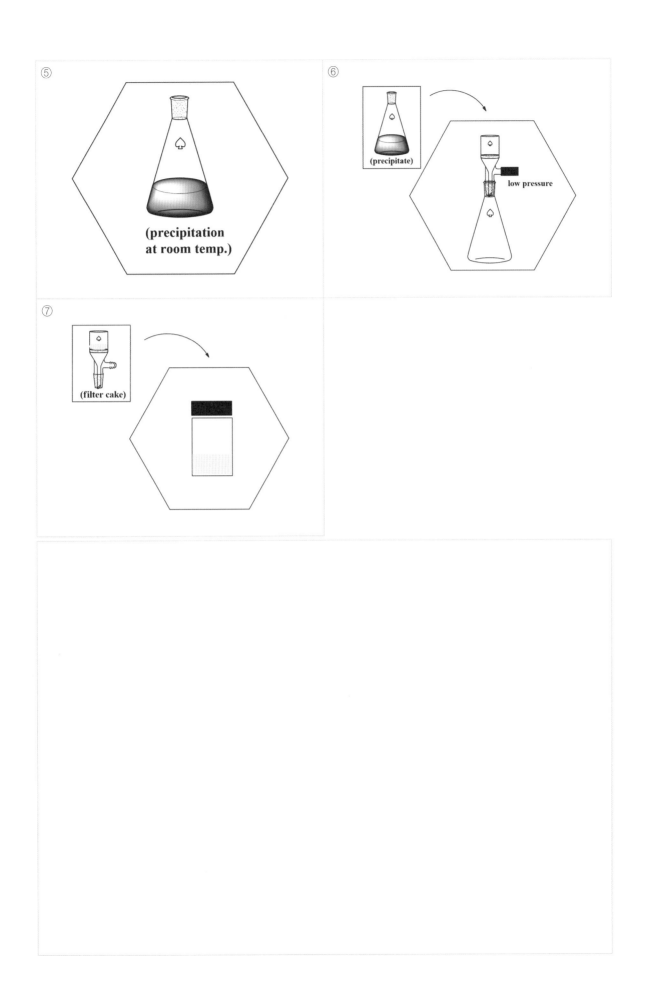

(precipitation at room temp.)

⑥

(precipitate)

low pressure

⑦

(filter cake)

Amide Synthesis1.6 **활동.** 히미 오! 실험 활동에 필요한 **실험 기구를 적어라.**

Amide Synthesis1.7 **활동.** 히미 오! **1.0g 생성물**을 얻을 수 있는 실험을 설계하여 수행하고 **실험을 통해 얻은 자료를 적어라. 그리고 생성물의 구조를 확인하고 수득율을 계산해라.**

Amide Synthesis1 **개념정리.** 히미 오! 이번 활동을 통해 **알게 된 것을 적어라.**

Aromatic Electrophilic Substitution Reaction1.

메틸 메타나이트로벤젠의 합성

활동목표. 히미 오! 벤젠(benzene)은 이중결합을 갖고 있지만, **알켄(alkene) 화합물**이라고 하지 않고 **방향족 화합물(aromatic compound)**이라고 해! 방향족 화합물은 **알켄 화합물**과 다른 **반응성(reactivity)**을 갖고 있기 때문이야. **알켄 화합물**은 **친전자체(electrophile)**가 **첨가**되는 반면에 **방향족 화합물**은 **친전자체**가 **치환**돼! 방향족 화합물과 반응하는 친전자체는 **강한 반응성**을 가져야 해! 그래서 방향족 화합물의 반응에서는 **촉매**가 필요해! 방향족 화합물이 알켄 화합물과 다른 반응성을 갖는 이유는 방향족 화합물의 **공명 안정화 에너지(resonacne stabilization energy)** 때문이야! **나이트로화(nitration)** 반응에서는 **질산(nitric acid)**이 황산이 촉매로 작용하여 **나이트로소늄(nitrosonium, NO^+)** 이온을 형성해서 반응이 일어나! 방향족 화합물의 **방향족 친핵체 치환 반응(electrophilic aromatic substitution reaction)**은 **선택성**을 갖고 있어! 그 선택성은 **중간체(intemediate)**의 **안정성**과 관련이 있어! 히미 오! 치환기를 갖는 방향족 화합물은 두 번째 치환기가 도입될 때 **선택성**을 가져! 히미 오! 히미 오! 메틸벤조에이트(methyl benzoate)로부터 메틸 메타-나이트로 벤조에이트(methyl m-nitrobenzoate)를 합성해 보자.

상황. 다음 분자모형은 **메틸 벤조에이트**로부터 **메틸 메타-나이트로 벤조에이트** 합성과 관련된 물질의 구조를 보여 주고 있어. 구조를 보고 **구성 원자수와 결합수를 나타내어라.**

	구조	구성 원자 및 수	결합수 (단일결합, 이중결합, 삼중결합)
메틸- 벤조에이트 Methyl benzoate		탄소:___ 수소:___ 산소:___	탄소-수소결합:___, 단일결합:___ 탄소-탄소결합:___, 단일결합:___, 이중결합:___ 탄소-산소결합:___, 단일결합:___, 이중결합:___
메틸 메타- 나이트로 벤조에이트 methyl m-nitro- benzoate		탄소:___ 수소:___ 산소:___ 질소:___	탄소-수소결합:___, 단일결합:___ 탄소-탄소결합:___, 단일결합:___, 이중결합:___ 탄소-산소결합:___, 단일결합:___, 이중결합:___ 탄소-질소결합:___, 단일결합:___ 질소-산소결합:___, 단일결합:___, 이중결합:___

활동. 히미 오! **메틸 벤조에이트**와 **메틸 메타-나이트로벤조에이트의 구조**에서 **공통점**과 **차이점**을 적어라.

식도는 **메틸 벤조에이트**(methyl benzoate)를 **나이트로화 반응**(nitration reaction)을 통해 **메틸 메타-나이트로벤조에이트**(methyl m-nitrobenzoate)를 만들기 위한 **반응 혼합물**을 만드는 과정을 보여 주고 있어. 히미 오! **어떤 순서로 반응 혼합물을 만들지 설명해라.** 그리고 **이유를 적어라.** 반응 혼합물이 **균일 혼합물**일지 **불균일 혼합물**일지 **예측**해라.

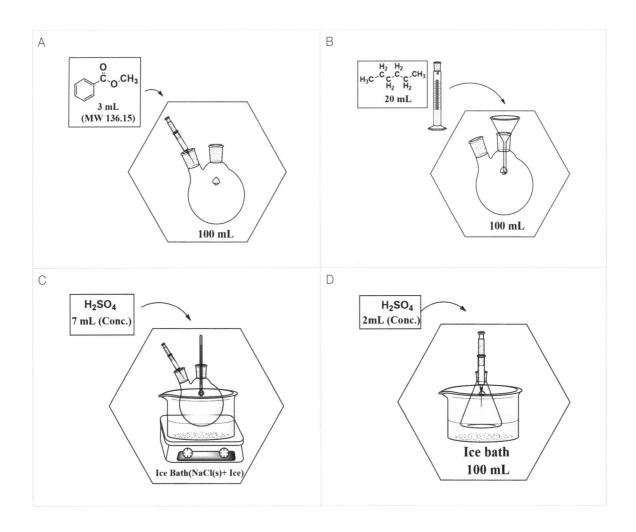

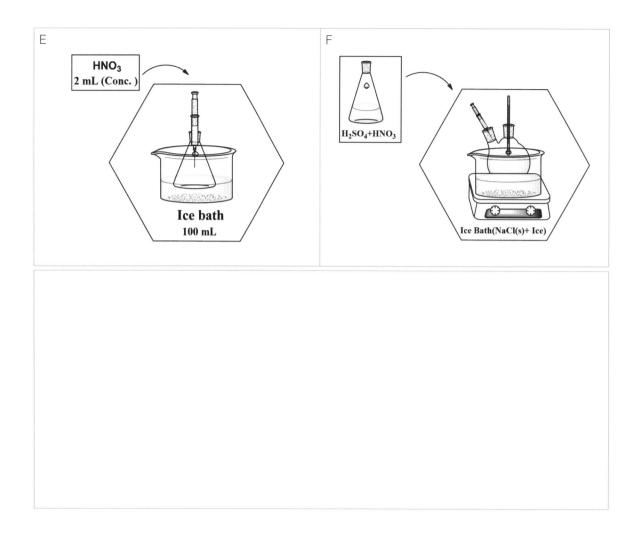

Aromatic Electrophilic Substitution(Nitration) Reaction1.3 활동. 히미 오! 메틸 메타-나이트로벤조에이트(methyl m-nitrobenzoate)를 합성할 때, 다음 그림과 같이 얼음물 조건에 반응물의 온도가 **15도를 넘지 않는 조건**에서 반응을 보낸대. 히미 오! **반응이 완결되었는지를 어떻게 알 수 있는지 설명해라.**

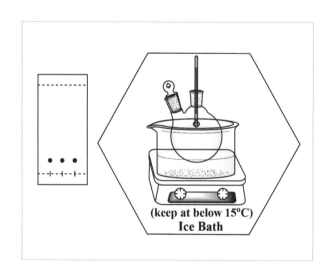

Aromatic Electrophilic Substitution(Nitration) Reaction1.4 **활동.** 히미 오! 첫 번째 얇은 층 크로마토그래피(thin layer chromatography)는 에틸 아세테이트(ethyl acetate): 헥세인 (hexane) = 1 : 4의 조건에서 얻어질 것으로 **예상**되는 반응물(**메틸 벤조에이트**(methyl benzoate)) 과 생성물(**메틸 메타-나이트로벤조에이트**(methyl m-nitrobenzoate))의 결과야. **어떤 것이 반응물 이고 생성물일지 예측하고 그 이유를 적어라.** 반응 중간에 예측되는 결과와 반응이 완료된 후에 예측되는 얇은 층 크로마토그래피 결과를 그려라.

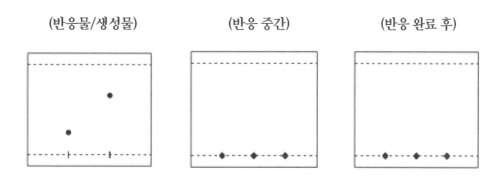

Aromatic Electrophilic Substitution(Nitration) Reaction1.5 **활동.** 히미 오! 이제 **반응이 완료된 후, 반응 혼합물**에서 순수한 생성물인 **메틸 메타-나이트로벤조에이트**(methyl m-nitrobenzoate)를 **분리**해야 해! 이 과정을 **워크업**(work-up)이라 해. 이 과정에서 일반적으로 **재 결정**(recrystallization), **추출**(extraction), **크로마토그래피**(chromatography), 또는 **증류**(distillation) **방법**을 적절히 선택해서 사용해! 반응 실험에서 이 **4가지 기술**을 배우도록 해! **어떻게 하면 순수 한 메틸 메타-나이트로벤조에이트를 얻을 수 있을까?** 다음 모식도는 순수한 **메틸 메타-나이트로 벤조에이트**를 얻는 방법을 보여 주고 있어. **이 과정에서 어떤 방법을 사용해서 순수한 메틸 메타- 나이트로벤조에이트를 얻는지 설명해라.** 그리고 그 방법이 사용된 **이유**도 적어라.

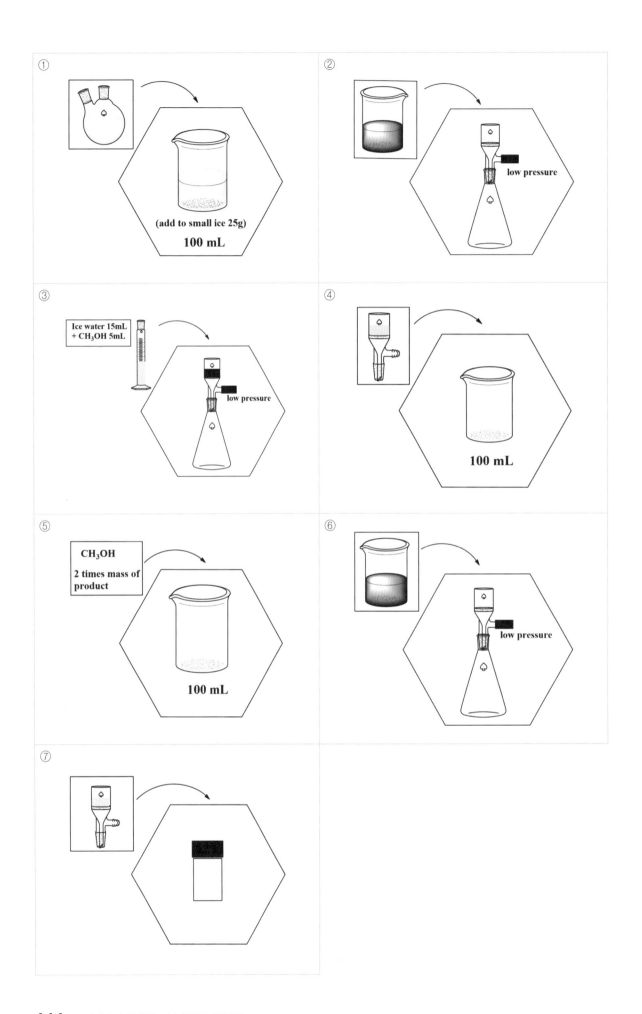

Aromatic Electrophilic Substitution(Nitration) Reaction1.6 활동. 히미 오! 실험 활동에 필요한 **실험 기구를 적어라.**

Aromatic Electrophilic Substitution(Nitration) Reaction1.7 활동. 히미 오! 1.0g 생성물을 얻을 수 있는 실험을 설계하여 수행하고 **실험을 통해 얻은 자료를 적어라. 그리고 생성물의 구조를 확인하고 수득율을 계산해라.**

개념정리. 히미 오! 이번 활동을 통해 **알게 된 것을 적어라.**

가수분해 반응
(살리실산의 합성)

활동목표. 히미 오! 물(water)은 강한 **반응성(reactivity)**을 가져! 무슨 말이냐고! 물은 탄소화합물의 **카보닐(carbonyl)기**에 **친전자체**(electrophile)로 작용하기도 하고, **아마이드(amide)** 또는 **에스터(ester)** 화합물의 카보닐기를 결합을 공격해서 각각을 **카복실산(carboxylic acid)**과 **아민(amine)**이나 **알코올(alcohol)** 화합물을 만들어! 이와 같은 반응을 물이 관여하는 반응이라 **가수분해(hydrolysis) 반응**이라고 한대! **에스터(ester)**는 향이나 맛을 나타내는 탄소화합물이야! 에스터 화합물은 알코올과 카복실산 화합물로부터 합성할 수 있어! 그런데 **에스터 화합물**은 **가수분해 반응**(hydrolysis reaction)을 통해 **알코올(alcohol)**과 **카복실산(carboxylic acid)**을 만들 수 있어! **지방(fat)**은 **글리세롤(glycerol)**과 **긴 알켄 사슬**을 갖는 **카복실산**으로부터 만들어진 **에스터 화합물(ester compound)**이야. **지방**을 **가수분해**하면 **긴 알킬 사슬을 가진 카복실산**과 글리세롤을 만들 수 있어. **비누**를 만들 때 지방인 기름을 가수분해하여 만들지. 가수분해 반응은 생명체뿐 아니라 많은 곳에서 유용하게 사용할 수 있는 반응이야! 히미 오! 메틸 살리실레이트(methyl salicylate)를 가수분해(hydrolysis)하여 살리실산(salicylic acid)을 합성해 보자.

상황. 다음 분자모형은 **메틸 살리실레이트(methyl salicylate)**로부터 **메탄올(methanol)**과 **살리실산(salicylic acid)** 합성과 관련된 물질의 구조를 보여 주고 있어. 구조를 보고 **구성 원자수와 결합수를 나타내어라.**

	구조	구성 원자 및 수	결합수 (단일결합, 이중결합, 삼중결합)
메틸-살리실레이트 methyl salicylate		**탄소:**___ **수소:**___ **산소:**___	탄소-수소결합:___ , 단일결합:___ 탄소-탄소결합:___ , 단일결합:___ , 이중결합:___ 탄소-산소결합:___ , 단일결합:___ , 이중결합:___ 산소-수소결합:___ , 단일결합:___
살리실산 salicylic acid		**탄소:**___ **수소:**___ **산소:**___	탄소-수소결합:___ , 단일결합:___ 탄소-탄소결합:___ , 단일결합:___ , 이중결합:___ 탄소-산소결합:___ , 단일결합:___ , 이중결합:___ 산소-수소결합:___ , 단일결합:___

Hydrolysis1.1 활동. 히미 오! **메틸 살리실레이트(methyl salicylate)와 살리실산(salicylic acid) 분자 구조**에서 **공통점**과 **차이점**을 적어라.

Hydrolysis1.2 활동. 히미 오! **메틸 살리실레이트**를 **가수분해**하여 **살리실산**을 합성할 때, 반응물로 메틸 살리실레이트와 **수산화 나트륨** 용액을 사용해! 히미 오! **어떤 순서로 반응 물질들을 섞을지 설명해라.** 그리고 그 **이유**를 적어라. 반응 혼합물이 **균일 혼합물** 또는 **불균일 혼합물**일지 예측해라.

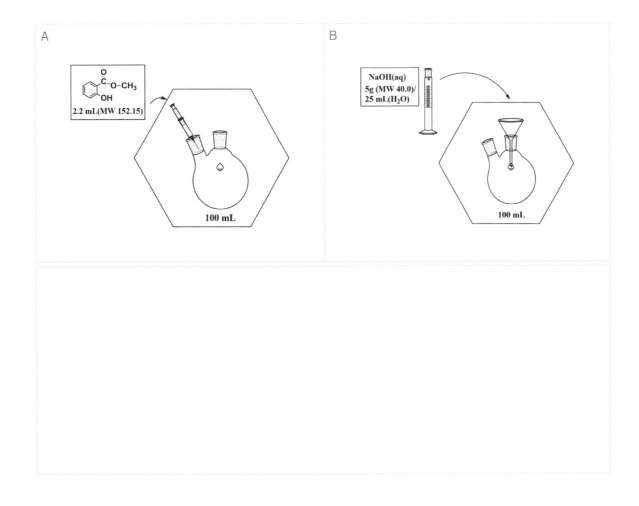

Hydrolysis1.3 **활동.** 히미 오! **살리실산(salicylic acid)**을 합성할 때, 다음 그림과 **환류(reflux)** 반응 조건에서 **30분** 반응을 보낸대. 히미 오! **반응이 완결되었는지를 어떻게 알 수 있는지 설명해라.**

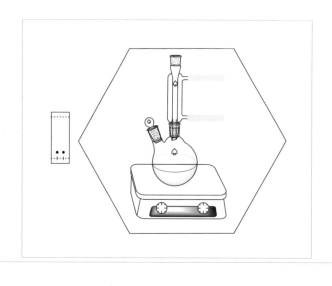

Hydrolysis1.4 **활동.** 히미 오! 첫 번째 **얇은 층 크로마토그래피(thin layer chromatography)** 는 **에틸 아세테이트(ethyl acetate)**: **헥세인(hexane)** = **1 : 9의** 조건에서 얻어질 것으로 **예상**되는 반응물(**메틸 살리실레이트(methyl salicylate)**)과 생성물(**살리실산(salicylic acid)**)의 결과를 보여 주고 있어. 히미 오! **어떤 것이 반응물이고 생성물일지 예측하고 그 이유를 적어라.** 반응 중간에 **예측되는 결과**와 **반응이 완료된 후에 예측되는 얇은 층 크로마토그래피 결과를 그려라.**

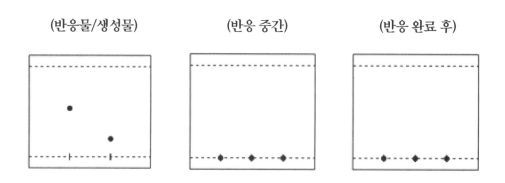

(반응물/생성물)   (반응 중간)   (반응 완료 후)

Hydrolysis1.5 **활동.** 히미 오! 이제 **반응이 완료된 후, 반응 혼합물**에서 순수한 생성물인 **살리실산(salicylic acid)**을 **분리**해야 해! 이 과정을 **워크업(work-up)**이라 해. 이 과정에서 일반적으로 **재결정(recrystallization), 추출(extraction), 크로마토그래피(chromatography),** 또는 **증류(distillation) 방법**을 적절히 선택해서 사용해! 반응 실험에서 이 **4가지 기술**을 배우도록 해! **어떻게 하면 순수한 살리실산(salicylic acid)을 얻을 수 있을까?**

다음 모식도는 순수한 **살리실산(salicylic acid)**을 얻는 방법을 보여 주고 있어. **이 과정에서 어떤 방법을 사용해서 순수한 살리실산(salicylic acid)을 얻는지 설명해라.** 그리고 그 방법이 사용된 **이유를 적어라.**

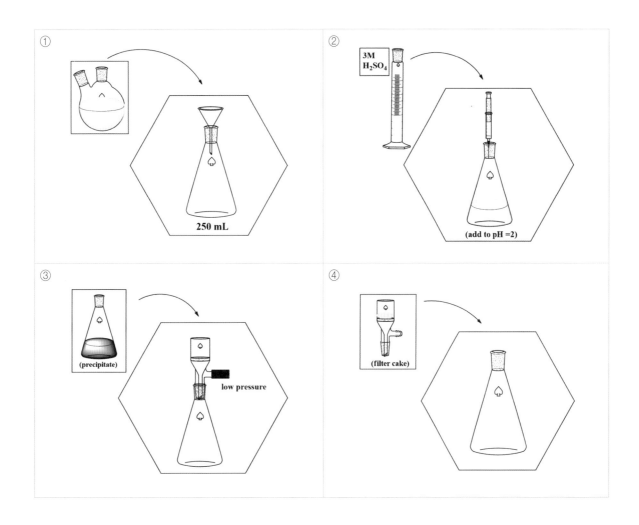

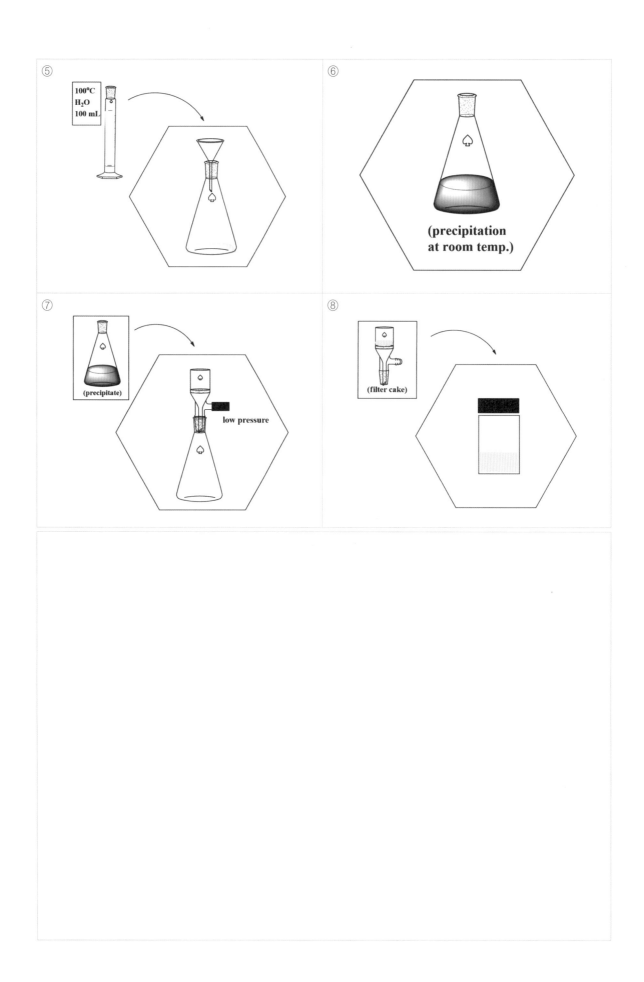

활동. 히미 오! 실험 활동에 필요한 **실험 기구를 적어라.**

활동. 히미 오! **1.0g 생성물을 얻을 수 있는** 실험을 설계하여 수행하고 **실험을 통해 얻은 자료를 적어라.** 그리고 생성물의 구조를 확인하고 수득율을 계산해라.

개념정리. 히미 오! 이번 활동을 통해 **알게 된 것을 적어라.**

Aldol Condensation Reaction1.

트랜스,트랜스-다이벤질리딘 아세톤 합성

활동목표. 히미 오! **탄소 원자**와 **탄소 원자**를 쉽게 **결합**시키는 **반응**이 있으면 내가 원하는 다양한 **구조**의 **탄소화합물**을 만들 수 있겠지! 탄소 원자와 탄소 원자를 결합하여 새로운 탄소화합물을 만드는 두 가지 **방법**을 생각할 수 있어! 첫 번째는 그림 (A)에서와 각각의 **탄소 원자**에 **홀 전자**가 존재하면, 두 개의 홀 전자를 공유하여 **단일결합**을 **형성**하면서 **탄소 사슬**이 늘어난 **탄화수소 화합물**을 만들 수 있어! 두 번째 방법은 모식도에서 (B)에서와 같이 **탄소 음이온(carbanion)**이 **탄소 양이온(cabocation)**에 전자를 줘서 공유하여 단일결합을 형성하면서 탄소 사슬이 늘어난 탄화수소 화합물을 만들 수 있어. **아래 반응의 예가 무엇이 있고, 실제 반응에서 어떤 문제가 존재할지 생각해 보렴!** 히미 오! 알돌 축합반응(aldol condensation reaction)을 통해서 아세톤(acetone)과 벤즈알데하이드(benzaldehyde)로부터 트랜스,트랜스-다이벤질리딘아세톤(trans,trans-dibenzylideneacetone)을 합성해 보자.

상황. 히미 오! 다음 분자모형은 **트랜스,트랜스-다이벤질리딘아세톤(trans,trans-dibenzylideneacetone)** 합성과 관련된 물질의 구조를 보여 주고 있어. 구조를 보고 **구성 원자수와 결합수를 나타내어라.**

	구조	구성 원자 및 수	결합수 (단일결합, 이중결합, 삼중결합)
벤즈-알데하이드 benz-aldehyde		**탄소**:___ **수소**:___ **산소**:___	탄소-수소결합:___ , 단일결합:___ 탄소-탄소결합:___ , 단일결합:___ , 이중결합:___ 탄소-산소결합:___ , 이중결합:___
아세톤 acetone		**탄소**:___ **수소**:___ **산소**:___	탄소-수소결합:___ , 단일결합:___ 탄소-탄소결합:___ , 단일결합:___ 탄소-산소결합:___ , 이중결합:___
트랜스, 트랜스-다이벤질리딘 아세톤	 trans,trans-dibenzylidene-acetone	**탄소**:___ **수소**:___ **산소**:___	탄소-수소결합:___ , 단일결합:___ 탄소-탄소결합:___ , 단일결합:___ , 이중결합:___ 탄소-산소결합:___ , 이중결합:___

Aldol Condensation Reaction1.1 **활동**. 히미 오! **아세톤(acetone)**과 **벤즈알데하이드 (benzaldehyde)와 트랜스,트랜스-다이벤질리딘아세톤**(trans,trans-dibenzylideneacetone)의 구조에서 **공통점**과 **차이점**을 적어라.

Aldol Condensation Reaction1.2 **활동**. 히미 오! 다음 모식도는 **벤즈알데하이드와 아세톤** 분자의 반응을 통해 **트랜스,트랜스-다이벤질리딘 아세톤**을 만들기 위한 **반응 혼합물**을 만드는 과정을 보여 주고 있어. **히미 오! 어떤 순서로 반응 혼합물을 만들지 설명해라.** 그리고 그 **이유**를 적어라. **반응 혼합물이 균일 혼합물일지 불균일 혼합물일지 예측해라.**

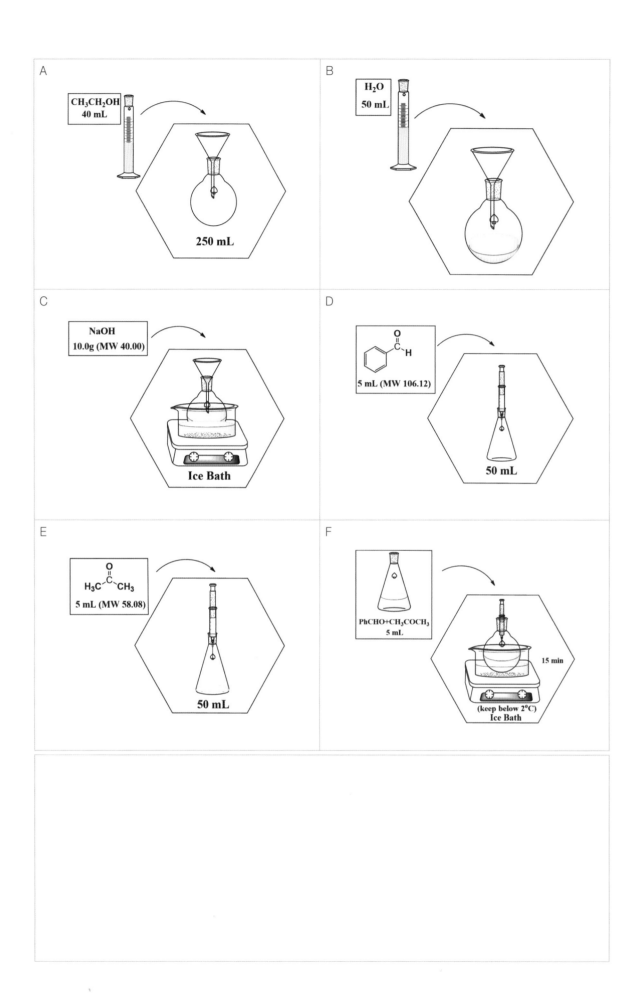

Aldol Condensation Reaction1.3 활동. 히미 오! 트랜스,트랜스-다이벤질리딘아세톤 (trans,trans-dibenzylideneacetone)을 합성할 때, 다음 그림과 같이 **상온(25도) 조건**에서 **20분** 반응을 보낸대. 히미 오! **반응이 완결되었는지를 어떻게 알 수 있는지** 설명해라.

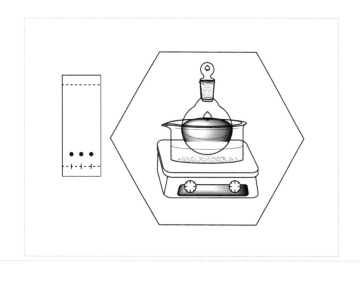

Aldol Condensation Reaction1.4 활동. 히미 오! 첫 번째 **얇은 층 크로마토그래피**(thin layer chromatography)는 에틸 아세테이트(ethyl acetate): 헥세인(hexane) = 1 : 3의 조건에서 얻어질 것으로 **예상**되는 반응물(**벤즈알데하이드**(benzaldehyde))과 생성물(**트랜스,트랜스-다이벤질리딘 아세톤**(trans,trans-dibenzylideneacetone))의 결과야. 히미 오! **어떤 것이 반응물이고 생성물일지 예측하고 그 이유를 적어라.** 반응 중간에 예측되는 결과와 반응이 완료된 후에 예측되는 얇은 층 크로마토그래피 결과를 그려라.

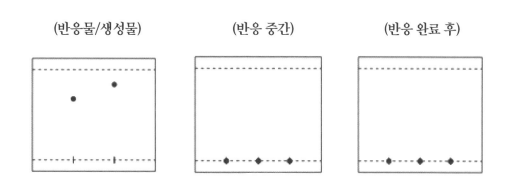

(반응물/생성물)   (반응 중간)   (반응 완료 후)

활동. 히미 오! 이제 **반응이 완료된 후,** 반응 혼합물에서 순수한 생성물인 **트랜스,트랜스-다이벤질리딘아세톤**(trans,trans-dibenzylideneacetone)을 **분리**해야 해! 과정을 **워크업**(work-up)이라 해. 이 과정에서 일반적으로 **재결정**(recrystallization), **추출**(extraction), **크로마토그래피**(chromatography), 또는 **증류**(distillation) **방법**을 적절히 선택해서 사용해! 반응 실험에서 이 **4가지 기술**을 배우도록 해! **어떻게 하면 순수한 트랜스,트랜스-다이벤질리딘아세톤을 얻을 수 있을까?**

다음 모식도는 순수한 **트랜스,트랜스-다이벤질리딘아세톤**을 얻는 방법을 보여 주고 있어. **이 과정에서 어떤 방법을 사용해서 순수한 트랜스,트랜스-다이벤질리딘아세톤을 얻는지 설명해라.** 그리고 그 방법이 사용된 **이유**를 적어라.

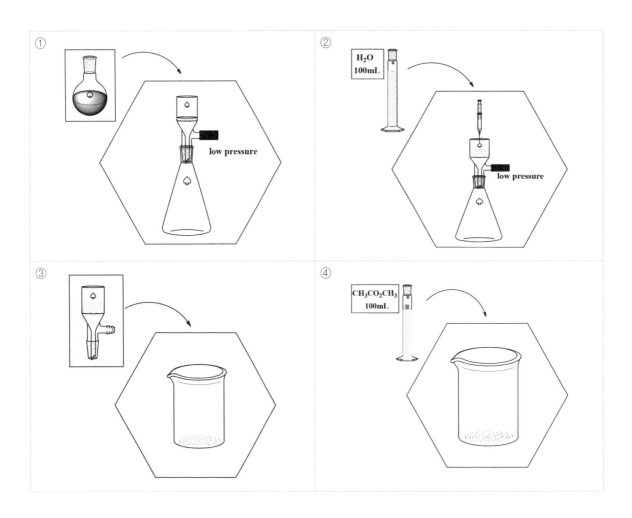

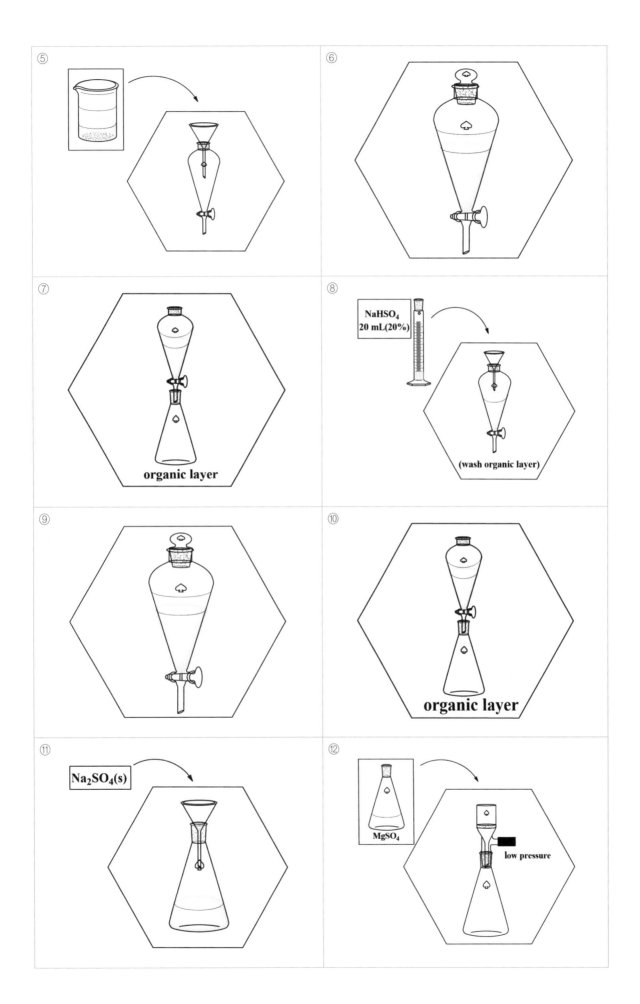

⑬

Aldol Condensation Reaction1.6 **활동.** 히미 오! 실험 활동에 필요한 **실험 기구를 적어라.**

Aldol Condensation Reaction1.7 활동. 히미 오! 1.0g 생성물을 얻을 수 있는 실험을 설계하여 수행하고 **실험을 통해 얻은 자료를 적어라.** 그리고 생성물의 구조를 확인하고 수득율을 계산해라.

Aldol Condensation Reaction1 개념정리. 히미 오! 이번 활동을 통해 **알게 된 것을 적어라.**

Cyclopentanone Synthesis1.

2,3-다이사이클로펜타-2-엔온 합성

활동목표. 히미 오! 탄소화합물은 **사슬 구조**(chain structure) 뿐만 아니라 **가지 달린 사슬 구조(branced chain structure)**도 갖는데! 또한 **고리 형태의 탄소화합물 구조**도 있고! 고리 탄소화합물(cyclic carbon compound)은 탄소 원자들이 일정한 **공간적인 구조**를 가져야 해! 그래서 고리 스트레스(ring strain)를 받아! 그래서 **오각형**이나 **육각형**의 **고리 탄소화합물** 화합물을 선호해! 유용한 탄소화합물들은 **두 개 이상의 고리 형태의 구조**도 갖는 것도 있어! 이것은 만들기가 힘들겠지! 이런 분자들을 어떻게 만들 수 있을지 알아보자! 히미 오! 트랜스,트랜스-다이벤질리딘아세톤(trans,trans-dibenzylideneacetone)으로부터 사이클로펜타논(cyclopentanone) 화합물을 합성해 보자.

상황. 히미 오! 다음 분자모형은 **2,3-다이페닐사이클로펜타-2-엔온 화합물**의 합성과 관련된 물질의 구조를 보여 주고 있어. 구조를 보고 **구성 원자수와 결합수**를 나타내어라.

	구조	구성 원자 및 수	결합수 (단일결합, 이중결합, 삼중결합)
트랜스, 트랜스- 다이- 벤질리딘 아세톤	trans,trans-dibenzylideneacetone	**탄소:**___ **수소:**___ **산소:**___	탄소-수소결합:___, 단일결합:___ 탄소-탄소결합:___, 단일결합:___, 이중결합:___ 탄소-산소결합:___, 이중결합:___
2,3-다이페닐 사이클로펜타 -2-엔온	2,3-diphenyl- cyclopenta- 2-enone	**탄소:**___ **수소:**___ **산소:**___	탄소-수소결합:___, 단일결합:___ 탄소-탄소결합:___, 단일결합:___, 이중결합:___ 탄소-산소결합:___, 이중결합:___

활동. 히미 오! **트랜스,트랜스-다이벤질리딘아세톤**(trans,trans-dibenzylideneacetone)과 **2,3-다이페닐사이클로펜타-2-엔온**(2,3-diphenylcyclopenta-2-enone)의 구조를 비교해라.

Cyclopentanone Synthesis1.2 **활동.** 히미 오! 다음 모식도는 **트랜스,트랜스-다이벤질리딘아세톤**(trans,trans-dibenzylideneacetone)으로부터 **2,3-다이페닐 사이클로펜타-2-엔온**(2,3-diphenylcyclopenta-2-enone)을 만들기 위한 **반응 혼합물**을 만드는 과정을 보여 주고 있어. **히미 오! 어떤 순서로 반응 혼합물을 만들지 설명해라.** 그리고 그 **이유를 적어라.** 반응 혼합물이 **균일 혼합물**일지 **불균일 혼합물**일지 예측해라.

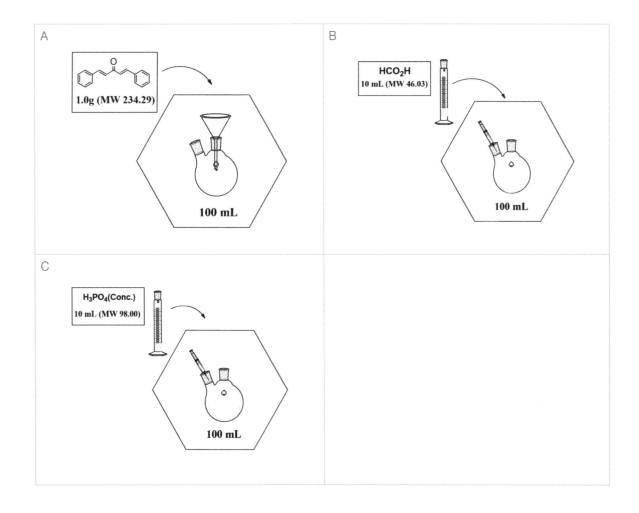

Cyclopentanone Synthesis1.3 **활동.** 히미 오! **2,3-다이페닐 사이클로펜타-2-엔온** **(2,3-diphenylcyclopenta-2-enone)**을 합성할 때, 다음 그림과 같이 **환류(reflux) 반응 조건**에서 반응을 보낸대. 히미 오! **반응이 완결되었는지를 어떻게 알 수 있는지 설명해라.**

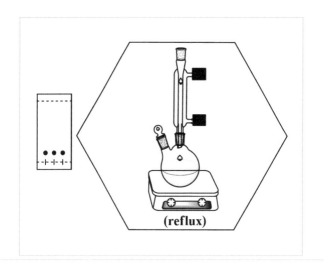

활동. 히미 오! 첫 번째 **얇은 층 크로마토그래피**(thin layer chromatography)는 **에틸 아세테이트**(ethyl acetate): **헥세인**(hexane) = **1 : 2의 조건**에서 얻어질 것으로 **예상**되는 반응물(**트랜스,트랜스-다이벤질리딘아세톤**(trans,trans-dibenzylideneacetone))과 생성물(**2,3-다이페닐사이클로펜타-2-엔온**(2,3-diphenylcyclopenta-2-enone))의 결과를 보여 주고 있어. **히미 오!** 어떤 것이 반응물이고 생성물일지 예측하고 그 이유를 적어라. **히미 오!** 반응 중간에 **예측**되는 결과와 **반응이 완료된 후**에 예측되는 얇은 층 크로마토그래피 결과를 그려라.

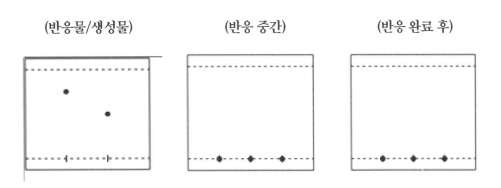

(반응물/생성물)　　　　(반응 중간)　　　　(반응 완료 후)

활동. 히미 오! 이제 **반응이 완료된 후, 반응 혼합물**에서 순수한 생성물인 **2,3-다이페닐사이클로펜타-2-엔온**(2,3-diphenylcyclopenta-2-enone)을 **분리**해야 해! 과정을 **워크업**(work-up)이라 해. 이 과정에서 일반적으로 **재결정**(recrystallization), **추출**(extraction), **크로마토그래피**(chromatography), 또는 **증류**(distillation) **방법**을 적절히 선택해서 사용해! 반응 실험에서 이 **4가지 기술**을 배우도록 해! **어떻게 하면 순수한 2,3-다이페닐사이클로펜타-2-엔온**(2,3-diphenylcyclopenta-2-enone)**을 얻을 수 있을까?**

다음 모식도는 순수한 **2,3-다이페닐사이클로펜타-2-엔온**을 얻는 방법을 보여 주고 있어. **이 과정에서 어떤 방법을 사용해서 순수한 2,3-다이페닐사이클로펜타-2-엔온을 얻는지 설명해라.** 그리고 그 방법이 사용된 **이유**를 적어라.

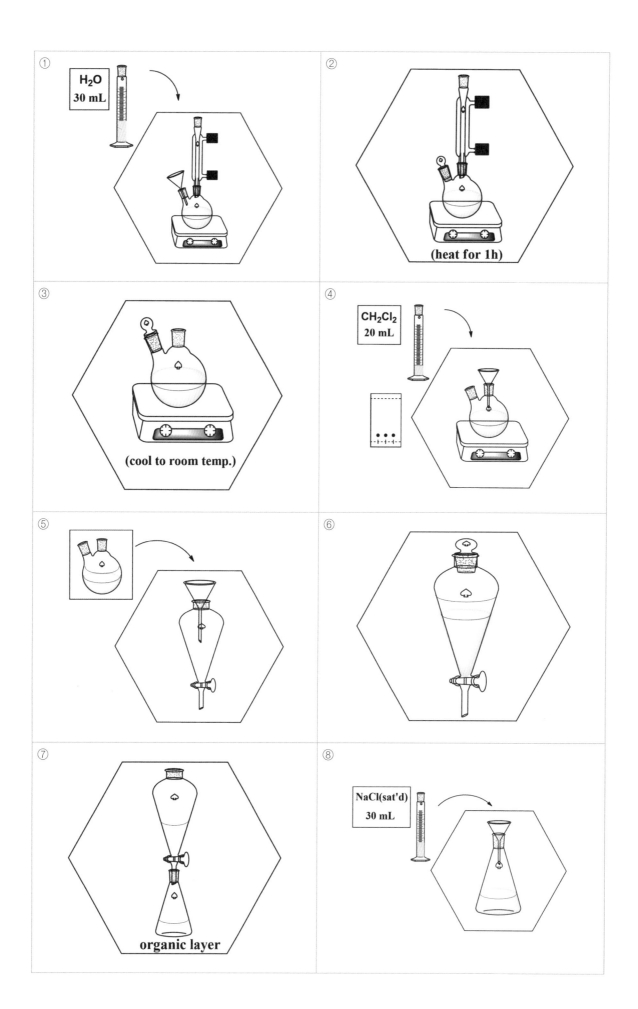

① H₂O 30 mL

② (heat for 1h)

③ (cool to room temp.)

④ CH₂Cl₂ 20 mL

⑤

⑥

⑦ organic layer

⑧ NaCl(sat'd) 30 mL

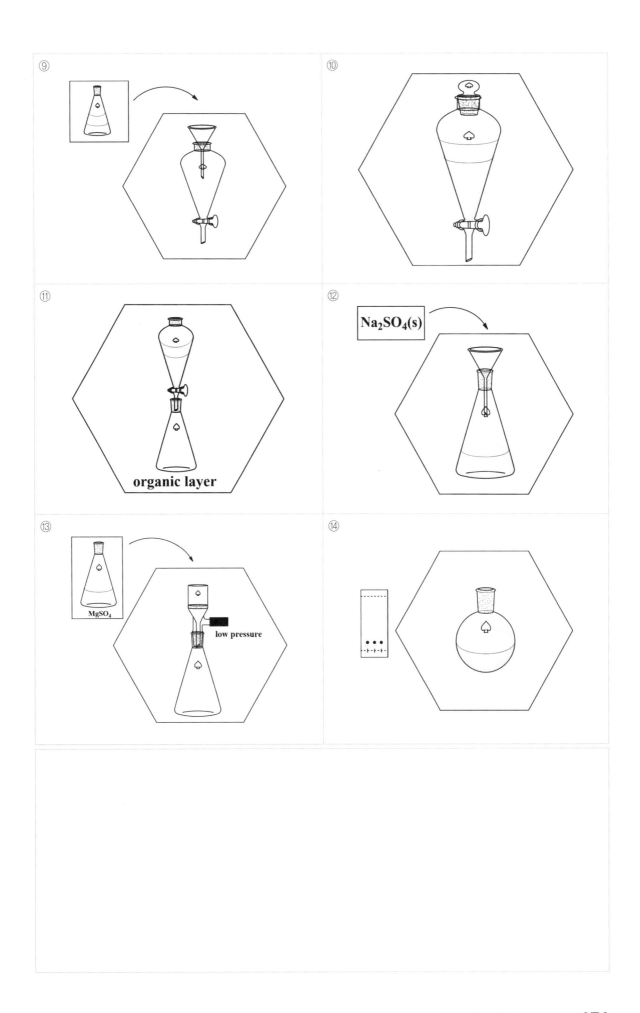

`Cyclopentanone Synthesis1.6` **활동**. 히미 오! 실험 활동에 필요한 **실험 기구를 적어라**.

`Cyclopentanone Synthesis1.7` **활동**. 히미 오! **1.0g 생성물**을 얻을 수 있는 실험을 설계하여 수행하고 **실험을 통해 얻은 자료를 적어라**. 그리고 생성물의 구조를 확인하고 수득율을 계산해라.

`Cyclopentanone Synthesis1` **개념정리**. 히미 오! 이번 활동을 통해 **알게 된 것을 적어라**.

시스 노보란-5,6-
엔도다이카복실 무수물 합성

활동목표. 히미 오! 탄소화합물은 **사슬 구조**(chain structure)와 **가지 달린 사슬 구조**(branced chain structure)뿐 아니라 **고리 구조**(cyclic structure)도 가져! 고리 탄소화합물(cyclic carbone compound)은 탄소 원자들이 일정한 **공간적인 구조**를 가져야 해! 즉, **고리 스트레스**(ring strain)를 받아! 그래서 고리 탄소화합물은 **오각형**이나 **육각형**의 **고리 탄소화화합물** 화합물을 선호해! 히미 오! 두 개 이상의 고리가 연결된 **콜레스테롤**(cholesterol)과 같이 중요한 화합물이 존재해! 콜레스테롤(cholesterol)과 같은 화합물은 만들기가 힘들겠지! 이런 화합물을 어떻게 만들 수 있을까? 히미 오! 딜스-알더(diels-alder reaction) 반응을 이용해서 시스-노보란-5,6-엔도-다이카복실무수물(cis-norbornene-5,6-endo-dicarboxylic anhydride)을 합성해 보자.

상황. 히미 오! 다음 분자모형은 두 개의 고리가 연결된 **시스-노보란-5,6-엔도-다이카복실무수물**(cis-norbornene-5,6-endo-dicarboxylic anhydride)의 합성과 관련된 물질의 구조를 보여 주고 있어. 구조를 보고 **구성 원자수와 결합수를 나타내어라.**

	구조	구성 원자 및 수	결합수 (단일결합, 이중결합, 삼중결합)
다이사이클로펜타다이엔 dicyclo-pentadiene		**탄소:**___ **수소:**___	탄소-수소결합:___, 단일결합:___ 탄소-탄소결합:___, 단일결합:___, 이중결합:___
무수 말레산 maleic acid anhydride		**탄소:**___ **수소:**___ **산소:**___	탄소-수소결합:___, 단일결합:___ 탄소-탄소결합:___, 단일결합:___, 이중결합:___ 탄소-산소결합:___, 단일결합:___, 이중결합:___
시스-노보란-5,6-엔도-다이카복실무수물 *cis*-norbornene-5,6-endo-dicarboxylic anhydride		**탄소:**___ **수소:**___ **산소:**___	탄소-수소결합:___, 단일결합:___ 탄소-탄소결합:___, 단일결합:___, 이중결합:___ 탄소-산소결합:___, 단일결합:___, 이중결합:___

활동. 히미 오! **다이사이클로펜탄다이엔**(cyclopentadiene)과 **무수 말레산**(maleic acid anhydride), 그리고 생성물인 **시스-노보란-5,6-엔도-다이카복실 무수물**(cis-norbornene-5,6-endo-dicarboxylic anhydride)**의** 구조를 설명해라.

Diels-Alder Reaction1.2 **활동.** 히미 오! **사이클로펜타다이엔**(cyclopentadiene) **화합물**은 서로 반응을 해서 딜즈-알더 생성물인 **다이사이클로펜타다이엔**(dicyclopentadiene)을 형성해! 판매되는 시약도 다이사이클로펜타다이엔으로이야! 그래서 반응을 보내기 전에 사이클로펜타다이엔 화합물로부터 사이클로펜타다이엔을 먼저 만들어야 해! 다음 모식도는 **시스-노보란-5,6-엔도-다이카복실 무수물**(cis-norbornene-5,6-endo-dicarboxylic anhydride)을 만들기 위한 **반응 혼합물**을 만드는 과정을 보여 주고 있어. **히미 오 어떤 순서로 반응 혼합물을 만들지 설명해라.** 그리고 그 **이유를 적어라.** 반응 혼합물이 **균일 혼합물**일지 **불균일 혼합물**일지 **예측**해라.

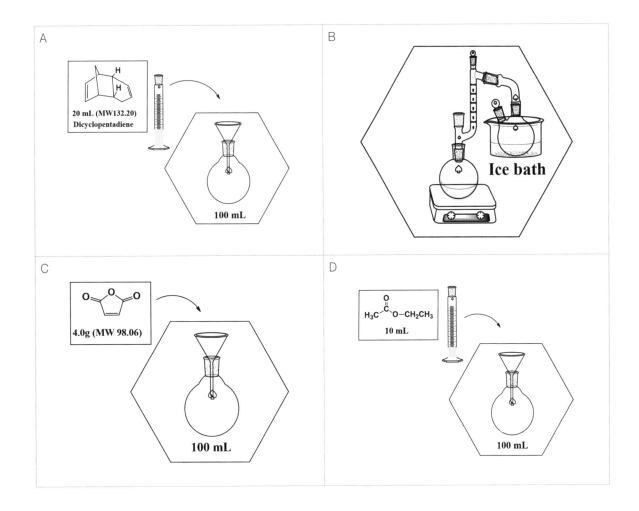

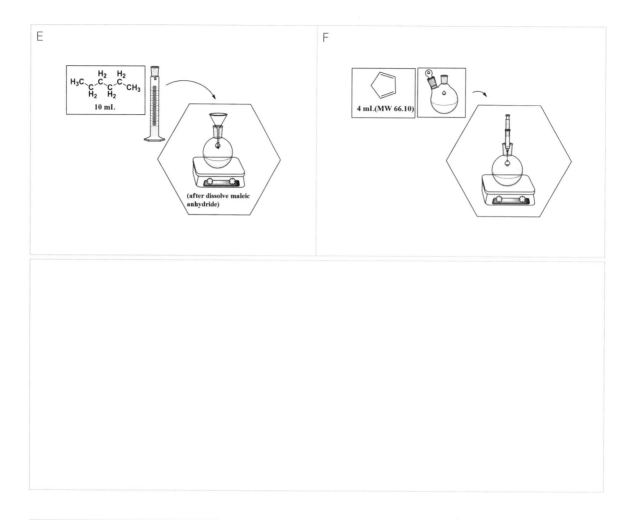

Diels-Alder Reaction1.3 **활동.** 히미 오! **시스-노보란-5,6-엔도-다이카복실 무수물**(*cis-norbornene-5,6-endo-dicarboxylic anhydride*)을 합성할 때, 다음 그림과 같이 **상온(25도) 조건**에서 반응을 보낸대. 히미 오! **반응이 완결되었는지를 어떻게 알 수 있는지 설명해라.**

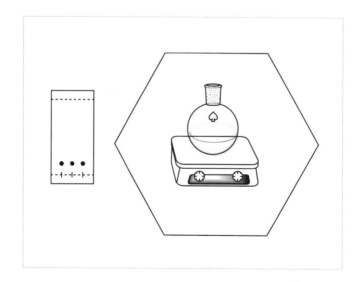

Diels-Alder Reaction1.4 활동. 히미 오! 첫 번째 **얇은 층 크로마토그래피**는 에틸 아세테이트(ethyl acetate): 헥세인(hexane) = 1 : 1의 조건에서 얻어질 것으로 **예상**되는 반응물(**무수 말레산**(maleic acid anhydride))과 생성물(시스-노보란-5,6-엔도-다이카복실 무수물(cis-norbornene-5,6-endo-dicarboxylic anhydride))의 결과를 보여 주고 있어. **히미 오! 어떤 것이 반응물이고 생성물일지 예측하고 그 이유를 적어라.** 반응 중간에 예측되는 결과와 반응이 완료된 후에 예측 되는 얇은 층 크로마토그래피 결과를 그려라.

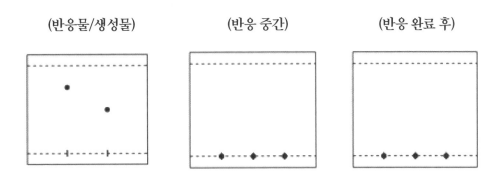

(반응물/생성물)   (반응 중간)   (반응 완료 후)

Diels-Alder Reaction1.5 활동. 히미 오! 이제 **반응이 완료된 후, 반응 혼합물**에서 순수한 생성물인 **시스-노보란-5,6-엔도-다이카복실 무수물**(cis-norbornene-5,6-endo-dicarboxylic anhydride)을 **분리**해야 해! 이 과정을 **워크업(work-up)**이라 해. 이 과정에서 일반적으로 **재결정(recrystallization), 추출(extraction), 크로마토그래피(chromatography), 또는 증류(distillation) 방법**을 적절히 선택해서 사용해! 반응 실험에서 이 **4가지 기술**을 배우도록 해! 다음 모식도는 순수한 **시스-노보란-5,6-엔도-다이카복실 무수물**을 얻는 방법을 보여 주고 있어. **이 과정에서 어떤 방법을 사용해서 순수한 시스-노보란-5,6-엔도-다이카복실 무수물을 얻는지 설명해라.** 그리고 그 방법이 사용된 **이유**를 적어라.

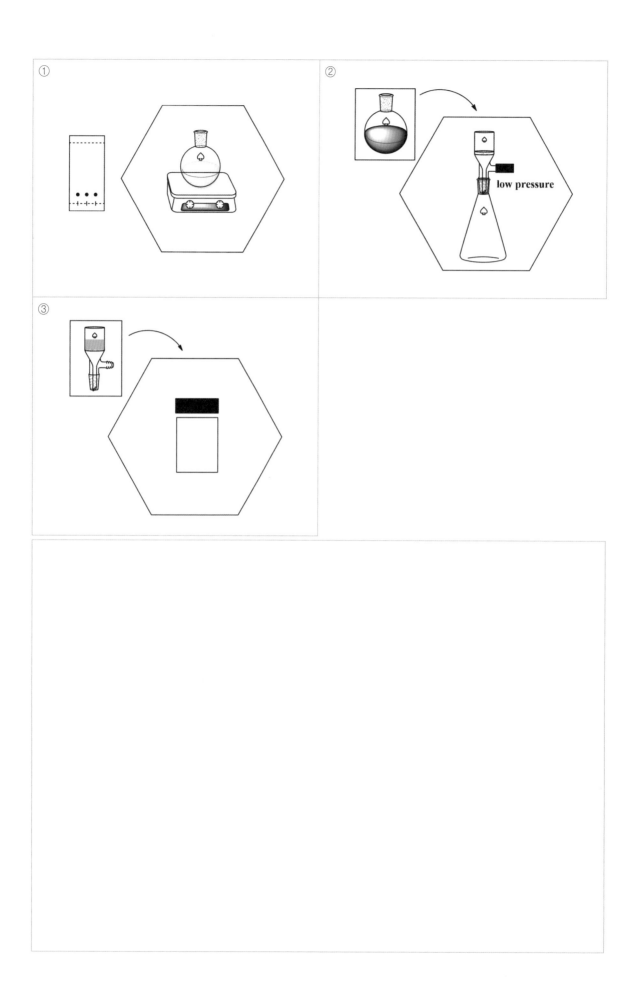

Diels-Alder Reaction1.6 활동. 히미 오! 실험 활동에 필요한 **실험 기구를 적어라.**

Diels-Alder Reaction1.7 활동. 히미 오! **1.0g 생성물**을 얻을 수 있는 실험을 설계하여 수행하고 **실험을 통해 얻은 자료를 적어라.** 그리고 생성물의 구조를 확인하고 **수득율을 계산해라.**

Diels-Alder Reaction1 개념정리. 히미 오! 이번 활동을 통해 **알게 된 것을 적어라.**

히미 오와 함께하는
탄소화합물 가상탐구

ⓒ 오진호, 2023

초판 1쇄 발행 2023년 6월 30일

지은이   오진호
펴낸이   이기봉
편집   좋은땅 편집팀
펴낸곳   도서출판 좋은땅
주소   서울특별시 마포구 양화로12길 26 지월드빌딩 (서교동 395-7)
전화   02)374-8616~7
팩스   02)374-8614
이메일   gworldbook@naver.com
홈페이지   www.g-world.co.kr

ISBN   979-11-388-2049-3 (13430)

이 책자는 과학기술정보통신부의 지원을 받아 수행된 결과물입니다.

This work was funded by the Ministry of Science and ICT.